數量方法題解

葉桂珍著

三民書局 印行

國立中央圖書館出版品預行編目資料

數量方法題解／葉桂珍著.--初版.--
臺北市：三民，民83
面；　公分
ISBN 957-14-2077-8（平裝）

1.企業管理—問題集

494.1022　　　　　　　　　83002889

© 數量方法題解

著作人　葉桂珍
發行人　劉振強
著作財　三民書局股份有限公司
產權人
印刷所　三民書局股份有限公司
　　　　復興店／臺北市復興北路三八六號
　　　　重慶店／臺北市重慶南路一段六十一號
　　　　郵撥／○○○九九九八一五號
初版　中華民國八十三年五月
編號　S 51029
基本定價　肆元貳角貳分
行政院新聞局登記證局版臺業字第○二○○號

有著作權·不准侵害

ISBN 957-14-2077-8（平裝）

數量方法題解

目　　次

第一章　數量方法導論

1. 何謂數量方法? 數量方法是否就是科學方法?

   解: 數量方法(Quantitative Methods簡稱Q.M.)顧名思義, 凡以數學方法解決問題者, 皆謂之。而數量方法一詞所包括範圍至爲廣泛, 舉凡統計方法、作業研究, 多變量分析及行爲實驗等均可包括在內。此外, 英國作業研究學會(Operational Research Society of Great Britain)所採取的定義是「它是運用科學方法, 對擁有人力、機器、原料、金錢等資源的企業、政府、軍事等機構, 解決其複雜管理問題, 其目的在於協助管理當局決定政策及行動。」

   　　至於數量方法與科學方法的關係並沒有相當明確的劃分或結合, 不過與其說, 數量方法是科學方法倒不如說, 它是一「系統方法」(Systematic Approach), 因爲科學方法講求的是特定問題的解決, 而系統方法則強調應用科學方法達成系統目標。從另一個角度來說, 數量方法是運用系統化的科學方法, 經由模式的建立與測試, 協助達成最佳的決策。

2. 數量方法有那些特性?

   解: 數量方法(Quantitative Method)主要是以合理的、系統的與科學的方法解決管理決策問題, 這樣的分析過程將增加管理者選擇正確決策的機會。接下來, 我們將其特性分類綜合描述如下。

   (1)以系統觀念審視問題:

   　　即是要儘量能依全盤性來了解、考量一個問題, 而不能太偏頗或

局限。此外，這裏所指的系統是指某些部門或子系統，爲達成共同的目標，所組合而成的體系。

(2)以科學方法找出解決途徑：

所謂科學方法是相對於非科學方法而言；科學方法重視客觀資料之搜集及理智的分析過程,而非科學方法則僅憑直覺及主觀意識。

(3)使用團隊合作方式：

企業界問題錯綜複雜，環環相扣，且各部門功能不同，數量方法在模型建立時，應對整個系統作業情況有深入了解才行，所以必須透過團隊合作、相互協調，才能正確且有效率地完成工作。

(4)使用數學模型：

在解決問題的過程中，我們必須適當地引入數學，並藉由它的特長來清楚且邏輯性地表示各變數間的關係，據以求取決策變數之解答。

(5)使用電腦運算：

雖然多數的簡單題目不必依靠電腦，也可以得到答案，但一旦模型愈接近眞實狀況，也將會變得更爲複雜而難以處理，這時，電腦就顯示出它的重要性。

3. 數量方法之執行步驟?

解：一個完美的數量計劃，需要各方面的配合，一般而言，我們可以將它執行的步驟劃分如下：

(1)確定問題：

亦即要將研究的對象及範圍，以清楚而明確的方式表達出來。

(2)建立模式：

我們必須以適當的數量模式來代表實際現象，而其過程是先從現有的、或是曾使用過的模式著手，若皆無適合的模式，再參酌相

關文獻發展新模式。

(3)解決模式：

一般可依「分析法Analytical　Method」，「模擬法Simulated
Method」，或者是「直覺法Heuristic Method」為之，並且要在
解決的過程中適時地使用電腦為輔助工具，以得出最適當的決策
變數水準。

(4)測試答案：

通常是以統計方法和經驗法，如比照歷史迴歸資料或是依賴主觀
的判斷，此時若答案不盡滿意，則須修改或是更換模型，再求解
之，驗證之，以達合理的結果為止。

(5)分析結果：

為了使模型的解決更能應用到實際問題，我們必須加入敏感度分
析或最佳解後分析等，以進一步考慮到不確定性因素的影響，使
得管理者在做決策時可以更加具有彈性。

(6)執行結果：

模式必須要能確實執行，並能解決問題才能算是完成，並且我們
必須隨時吸收眞實環境內所傳達出來的政治、心理等因素及其影
響，再依此將模式適時、適度的修正，以求更能適用於新環境。

4.　如何在一公司組織內，推廣數量方法？

解：我們知道,要在組織內推廣任何一項具革新性的方法都是不容易的,
因為這會涉及組織架構或權力移轉的因素，可以說是每個組織都會
有不同的問題需要克服，在此，我們僅提供較一般性的步驟，至於
其它情境因素則有待大家來思考。

畢恩(A. S. Bean)等人曾提到，組織內數量方法的發展，我們
可將它適當整理之後，提出下列六個步驟。

(1)初步構想：

亦即首先必須有倡導者，並要能說服其他人，使他們相信使用後可以獲得的好處，最重要的是要能得到高階主管的支持。

(2)傳道：

此時，組織可引入一、兩位數量分析人員，或是提拔公司內具有數量基礎的員工，嘗試轉化構想爲行動，並廣泛宣傳其好處。

(3)組織發展：

數量分析人員與使用部門展開討論，仔細溝通，並可先取得一些小計劃作爲入門。

(4)專案計劃的進行：

若上述步驟已獲得相當成果，數量分析人員可以著手進行較複雜的專案分析。

(5)成熟期：

此時，數量模式的使用已成爲組織內經常性工作，新技術的引進，不再困難重重。

(6)擴展期：

這是最後的階段，要能將數量方法推廣到每一適合使用的部門，而不再是某些工作小組的專利。

因爲臺灣企業文化迥異於歐美，高階主管多相信自己直覺式的判斷，對於數量方法的接受度低，使得推廣的工作更加困難，我們必須適時地將數量方法的特性及優點，以最淺顯的文字表達給高階管理者，並且最好能有高階管理者成爲發展推廣工作的一份子，而且推廣者自己要能力行，並在某些工作上顯示出使不使用數量方法在結果上有何差異，如此才能漸漸地獲得支持。

5. 請敘述數量方法與決策支援系統及專家系統之關係。

解：數量方法發展到1970至1980年時，進而與「管理資訊系統」(Management Information System簡稱MIS)相結合，MIS資料庫系統的發展，使得經常性的數量決策分析變為可行，而產生了一種特殊的資訊系統，即所謂的「決策支援系統」(Decision Support System簡稱DSS)，在1990年代末期，「專家系統」(Expert System簡稱ES)及「人工智慧」(Artifical Intelligent簡稱AI)，已成為MIS及電腦資訊界的熱門話題，「專家系統」考慮的是人類的專業知識如何能經過電腦的處理而能允當的表達出來，「人工智慧」則更進一步朝向「人腦的電腦」，即可以有自我學習能力，能依各種情況、條件做出適當的判斷；而數量模式或方法，則可提供這兩者「直覺式的解決程序」。未來，數量方法與人工智慧的發展，應有密切的關係，我們且拭目以待。

6.　數量方法可應用在那些部門功能上？

解：因數量方法的主要用途是在各種假設的目標及限制條件下，使用有限的資源，提供某項作業最佳的處理方案；凡是組織都希望能提高效率、增進效能，也就是對在一組織部門而言，數量方法都是值得考慮引入的。

　　根據姚景星及劉睦雄由國科會補助的研究報告中指出，在國內的製造業及公營事業中，使用數量技術的各企業功能領域中，較常使用的有：生產、資材管理、會計、財務、買賣及人管等。不過如果研究別的型態的企業，將會有不同的結果。茲將各領域使用情況概述如下：

　　行銷：使用於媒體的選擇，或是市場調查之人數的決定。

　　生產：產品組合，生產排程，工廠地點選擇等問題。

　　財務：財務規劃，投資組合，現金流量分析等應用。

人事：工作人數規劃，人員指派等問題。

運輸：決定如何能在滿足各地需求情況下，使運輸成本最小，如租車、貨運調配等問題。

會計：報表編製，會計系統自動化等，以期能確實反應實務於理論模式中。

研發：方向的選擇，排程、進度及費用等部分的控制。

資訊系統：如MRP材料系統分析，行銷策略支援系統發展都是。

7. 請敍述數量方法與電腦應用之關係。

　解：廿世紀末對整個社會影響至鉅的莫過於電腦應用普及所帶來資訊革命的衝擊，而一般人在談到數量方法時，常容易將之與電腦聯想在一起，兩者之間的關係也的確常被提及，而值得討論，茲說明如下：

(1)數量方法是整體系統觀，而電腦僅是該系統中的一部分，或者說是一種工具，就大部分較簡單的題目而言，皆能以手算方式計算出，不必使用電腦。

(2)但是當數量方法應用於實際問題時，其所牽涉的資料可能相當龐大，變數相當繁多，此時就必借助於電腦精確且快速運算的優點，以增加正確性並節省時間。

(3)數量方法的學習，主要目的是在於訓練學生獨立思考與分析問題的能力。故解答只是訓練過程，學習者只需要知道如何計算即可，就這點而言，電腦並非必要課程。

(4)不過，就一學習者或使用者而言，若在其過程遇到了非常繁複的計算，必定會減低學習或使用的興趣，此時，電腦應用的加入將會提高這興趣，也會更樂意去嘗試較複雜、困難的問題，使得數量方法更能被廣泛地接受。

　　由以上的說明，我們知道，電腦的應用對於數量方法是有相當

的輔助功能，但也千萬不能本末倒置。

8. 在決策過程中，數量方法可提供決策者那些助益？那些是數量方法所沒辦法提供的資訊？舉例說明之。

解：數量方法最能發揮的功用是建立模型及導出解答的階段，它可以很系統性、邏輯性地表達每一限制條件式和目標函數，並且理性且嚴謹地推演出合理的解決方案，這可以提供決策者一個理性且合於各主客觀限制的決策參考依據，尤其當問題較爲繁雜或是決策時間相當有限時，更可顯示出數量方法資訊化的優點。至於目標的選擇、不同目標相對重要性的判定，以及涉及人性等無法量化的因素，則常是決策人員主觀因素所決定，無法以科學驗證，亦即數量方法無所提供這些資訊。

舉個例子，一家超級市場正在考慮該設幾個收銀站，其中，數量方法可提供的是：加設一個收銀站的邊際成本、顧客平均等待時間變化等；但對於顧客滿意程度，或是會不會繼續光顧等就沒有辦法提供適切的資訊。

9. 數量與非數量分析有那些差別？請舉例說明之。

解：基本上，任何一位決策者在作決策時，皆必須要考慮到「屬量」(Quantitative Factors)以及「屬性」(Qualitative Factors)兩方的因素，而數量分析便是前者，非數量分析便是後者。

通常而言，數量分析在解決、分析問題的過程中，可以使用數學方程式或相關式子，並得出較理性、客觀的結果；而非數量分析則常涉及到人爲或環境等無法量化，或無法適切的以數學式子表達的因素。舉個例子，一個新產品的訂價是需要廣泛地考慮與分析，其中生產成本、銷售成本、競爭產品價格等分析是屬於數量的，而

消費者偏好、上下游業者的配合度、對手可能的反應等分析，則是屬於非數量的。當然，在不同的決策，或是同一決策的不同時期裏，兩項分析的重要性會各有不同，而非固定不變的。

10. 請敍述數量方法的發展過程。

解：雖然數學和管理觀念的形成在人類的歷史上，已有千年的歷史，但有系統性地將兩者結合，這還是近百年來的事，在此，我們就以時間爲軸，簡述一下數量方法的發展過程。

(1)十九世紀末：

工廠生產制度興起後，管理上的理論加速發展，有科學管理之父之稱的泰勒(Frederick W. Tayler)首先將科學方法使用於製造過程上。同時期另一位管理學家甘特(Henry Gantt)，則在機器排程系統方面有重大的貢獻。這可說是數量方法初步的應用，但它眞正成爲一個專門的研究與訓練領域，則是在第二次世界大戰以後的事。

(2)第二次世界大戰：

英國指派一羣專家研究雷達的效率、反潛戰略、國民兵的防禦及護航艦的安排等軍事問題，而這羣由各領域專家所組成的小組，對於英國本土及北大西洋戰事的勝利，提供了很大的助益，也使得數量方法獲得較廣泛的重視。

(3) 1947 年：

喬治‧旦茲格(George B. Dantzig)發展了線性規劃模式，將數量方法應用的領域由軍事轉向工商業界，因爲線性規劃是以線性代數的方式，試圖找出資源分配的最佳途徑，這使得許多企業因而獲利，工商界也才開始體認到數量方法與工業界的關係。另一個使非軍事數量方法得以被接受的原因，乃是因爲高速電腦的發

展，使得複雜的問題得以被快速地解決。

(4) 1950 年代：

數量方法的發展漸成氣候，一些專業性學術團體紛紛成立，如英國的「作業研究學會」，其後的「美國作業研究學會」(DRSA)，「管理科學學會」(TIMS)等等，相繼成立，而在國內也於民國六十二年成立了「管理科學學會」。

(5) 1960 年代：

在這時期之前，數量方法的使用，大部分局限於結構性問題，使用層級低，而這時期之後，漸漸提升到規劃類，非結構性與不確定性問題，較符合實際。

(6) 1970 年代：

之後，更進而與「管理資訊系統」(MIS)相結合，並因此使得經常性數量決策分析變為可行，而產生了所謂的「決策支援系統」(DSS)。

(7) 1980 年代末至今：

「專家系統」(ES)，「人工智慧」(AI)等發展對數量方法帶來了相當的影響，它嘗試將專業知識帶入更具系統及邏輯性的資訊界領域，之間的發展仍在持續進行，而更加親密。

11. 模型的種類有那些？何謂數量模型？

解：一般而言，模型是實際現象或物體的選擇性縮影。一個好的模型應該能真正顯示實際現象的主要特色，以利探討個別因素間的關係。

模型的分類相當的繁多，如可依模型的目的而分為：敘述模型與規範模型，也可依是否含有時間因素而分為：靜態模型與動態模型，還有，依模型中所含的變數或關係式是否具有不確定性或是服從機率分配而分為：確定性模型與機率性模型。等等，在此我們將

提出較常見的幾類，說明如下：

(1)圖像模型(Iconic Model)：

以實體來表示實際的物體，只是將之縮小，且通常不具有原系統的功能，如汽車模型，地球儀等。

(2)類比模型(Analog Model)：

以某種特別的方法或形式來表示實體的某種特性，而其外表不一定要相似。如財務上可依據某些報表來了解組織的財務狀況。

(3)心智模型(Mental Model)：

由經驗、知識、直覺形成的觀念，如道德、修養、信仰等。

(4)文字模型(Verbal Model)：利用文字、語言等來表達系統功能。

此外，還有一項與數量方法關係最深的模型，那就是「數量模型」，也就是我們常稱的符號模型(Symbolic Model)或是數學模型(Mathematical Model)，它嘗試著藉助數學符號、公式、模式或是數學邏輯來表達非數學的實象，亦為一種理想化的表達。如在數量方法的運用上，我們可以將所追求的利潤最大或是成本最小以一目標函數來表達，其它各種限制情況，條件也可以簡單的方程式所構成的限制式來表達。當然，它是具有多項優點的，不過也相對的有一些局限的存在，這些都是數量分析人員在使用之前所必須要了解的。

最後，如果我們仔細思考每類模型之間的關係，可以發現之間的分別並沒有很明顯的界定，有些可以是數種模型的混合。

12. 你認為唸企管者及唸數學者，在使用數量方法作分析時，各有何利弊？

解：當我們使用數量方法來解決管理上的問題時，常會牽涉、運用數學運算，且自線性規劃、單形法等發展之後更是如此，這使得具有不同學習背景的人，對於問題及其解決方法會有不同層面的理解和看

法。

其實，學企管者或學數學者在使用數量方法作分析時的利弊是相互對應的，學企管者，優點是較能掌握問題的本質，了解到數學式子之後的管理涵義，並且有許多無法量化但又必須考慮到的因素，是需要一定的企管基礎才能了解，考慮週到的，亦即更能合乎實際；而這些正是學數學者所無法具備的，即在使用時很容易失之數學表面，而看不到眞正的內容。但換個角度，由於許多數量方法會涉及複雜的計算，而其中的每個步驟其實都有相當的意義，如單形法的每一步驟正是內部資源的流動情況；或是在將問題數量化的過程中，常須具備一定的數學基礎才能勝任，否則很容易對之不感興趣，甚至望之卻步。這些，正是學數學者的利，學企管者的弊了。

在我們了解到不同背景在使用時會遇到的問題之後，應該多加強自己能力不足的一面，以後才能更適當、切合地來使用。

13. 你是否知道臺灣的公司中，有使用數量方法者？其使用情況如何？

解：數量方法可以應用的範圍相當廣泛，但臺灣經濟發展的過程不同於歐美，企業興起的背景更是不同，使得很多企業家並不了解或是信任數量方法，而相信自己主觀的直覺判斷；話雖如此，現今臺灣的環境與數十年前有顯著的不同，這快速的變遷所帶來的競爭壓力使得許多觀念必須重新調整，數量方法也必定會更廣泛地被接受、使用。

在此，我們並不舉一個特定案例，而是廣泛地提供較常使用數量方法的幾個領域以供參考。

(1)航運業：

安排適當的航線，及人員、機種的配置，該如何減少閒置時間，並在有限的停留時間內，做好所有該做的事，如搬運行李、加油

及維修等。

(2)自動倉儲業：

該開幾條進出口，貨物如何歸位才可以使存取時間最短等也都會應用到數量方法。

(3)跨區域性的運輸、租車業：

即如何在各地需求皆能滿足的條件下，決定各地點間的調配方法或路線決定，甚或是班次多寡，以期使利潤最高，成本最少。

(4)一般製造業：

最佳產能設計、冷熱期員工調配、生產線佈置，進度控制等。

(5)大型超市或 24 小時商店：

店內眾多而繁雜的各類商品訂貨、存貨控制、及其它資源的適當配置。

除此之外，其它在財務、行銷等問題也都能適當地加以應用。

14. 你認為在一公司組織中，應將數量分析人員歸於那一部門？

解：在一公司組織內,該將數量人員歸於那一部門並沒有很明確的限制，尤其是在強調組織架構彈性化，重視組織適當變革的現代，所要考慮的因素層面相當廣泛，在此我們分別從數個方向切入來審視這問題。

(1)視該公司組織引入數量方法時間的長短，以及內部人員對它的接受程度而定：若數量方法在該組織尚是在推廣的階段，還不能普遍為大家所接受，那麼最好有一負全責的小組來統籌，且這小組最好是直屬於較高階層下，如總經理室；但若在該公司組織內，數量方法推行已久，已成為一經常性工作，那麼就應該將它推廣到各適用部門，此時分析人員就會是分散在各部門，而不集中獨立了。

⑵再考慮公司組織的大小：若組織較小，那麼可由獨立於其它部門
的一、二個人所組成，該數量分析小組就可以解決絕大多數的問
題，並且可以有完善的溝通。若是組織十分龐大，那麼在每個部
門都應有分析人員才能將工作做得完善。

⑶另一重要因素是該公司組織所從事的產業，以及它期待數量方法
所能解決的問題，亦即將重點放在最值得重視的地方，如一紡織
廠就可將人員配置在生產部門。

　　除了上面所提到的幾點，還有組織內資訊的流程，權力的集中
性，高階管理者的看法等等，值得大家加以思考。

15. 數量方法的分析資料，如何取得?

　解：數量方法要能夠正確且符合實際狀況的運作,主要是依賴各類資料、
數據的取得，而其取得方式大致如下：

⑴直接取得。由原料供應商、顧客、以及政府及相關部門等特定對
象取得特定的資料，如原料價值、最大供應量、顧客特定需求條
件或是各種稅率等。此類方法十分直接而明確，可惜無法涵蓋所
有資料。

⑵如果涉及不確定性，常就需依靠預測、估計等方法，在此我們提
出較常用的幾種方法來討論。

　a.判斷法：
　　包括自然推論法、銷售組合法、主管或專家意見討論法等，主
　　要是利用人為的主觀判斷。

　b.計數法：
　　如我們常用的市場測試與市場調查等，主要是收集特定對象對
　　特定事件、物品的觀感。

　c.時間數列法及因果關係法：

可利用收集到的歷史或現存資料進行分析，如相關分析、廻歸分析等。

d.除此之外，尚有模擬法、混合法等。

(3)若換個角度，許多資料需要從內部取得，如：

a.成本的計算：由會計部門。

b.利潤的要求或估計：由行銷、會計甚至是高階主管等。

c.市場需求狀況：由行銷部門，即第一線與顧客接觸的人員。

d.品管要求、或是各品管制度所需成本：由品管部門。

e.生產條件：如加工成本、產能計算等，是由生產部門取得。

由以上的討論知道，在真實的狀況中，資訊的取得是十分繁雜的，但對於決策而言，它們又是十分重要的，所以爲了能將資訊加以有系統性的收集、歸納與整理，一公司組織是可以考慮成立資訊管理部門，或將整個組織適度的資訊化，以期使各資料、數據能被有效掌握。

16. 請敍述數量方法包括那些主要的內容?

解: 由於數量方法是一門較年輕的科學，而且在日新月異的發展中，因此，其理論模型應包括那些內容迄今仍無定論，不過，大體上說來，可以包括下列幾項：

(1)線性規劃(Linear Programming)

(2)運輸問題(Transportation)

(3)計劃評核術(Program Evaluation and Review Technique簡稱PERT)

(4)要徑法(Critical Path Method簡稱CPM)

(5)決策樹(Decision Tree)

(6)存貨模式(Inventory Model)

(7)等候模式(Queuing Model)

(8)網路分析(Network Analysis)

(9)馬可夫分析(Markov Analysis)

(10)動態規劃(Dynamic Programming)

(11)整數規劃(Integer Programming)

(12)目標規劃(Goal Programming)

(13)賽局理論(Game Theory)

(14)模擬(Simulation)

　　由於上面所提的各點都是一門值得深入了解的學問，讀者可以仔細閱讀葉桂珍教授著作中的各個章節，在此不擬加以過多敍述。

17. 數量方法有那些電腦軟體？

　　解：由於個人電腦的普及，數量方法的套裝軟體也廣被發展，所以在市面上可以接觸到的管理科學，作研究數量方法等軟體，不計其數，而在教學上，使用較爲普徧者有STORM、AB:QM、QSB$^+$、ORS等，除此之外，商業或研究用的決策支援系統，如SAS或IFPS等，也有很多數量方面的應用軟體。面對衆多的選擇，使用者其實只需熟用其中一種就已足夠，因爲其餘的幾乎都是大同小異。

18. 數量模式的解決，有那些方法？其所需之輸入資料，有何不同？

　　解：一般而言，數量模式的解決，可依分析法(Analytical Method)，模擬法(Simulated Method)或是直覺法(Heuristic Method)爲之，茲分別說明如下：

　　(1)分析法：

　　　　如單形法，有嚴格的學理證明，可導出模式的最佳解及最佳決策；不過其假設太多，使用上有諸多限制必須考慮，因而降低其適用

範圍。

(2)模擬法:

可說是實際現象的複製，其將眞實世界所觀察到的特質，以某種
數學方程式表示之，並輸入各種決策資料，驗算各可能方案，並
由其中擇一最佳者爲最適方案。而且模擬法無理論證明，可說是
一種試誤(Trial and Error)的方法，其求解過程簡單，可適用於
任何決策過程，但很費時，所求得的解也不一定是最佳。

(3)直覺法:

是介於分析法與模擬法之間的一種方法。因其仍使用分析模式，
但其求解過程不需有嚴格的收斂證明，可以直覺判斷其過程爲正
確，另一方面，其解也僅近似於問題的最佳解。

在資料輸入方面，分析法及直覺法僅需輸入固定參數之值，而
模擬法需同時輸入參數及各種決策方案之資料；所輸出的資訊，前
兩者爲目標及各決策變數之值，而後者僅有目標值或者相關之參考
數據，亦即模擬法之決策資料，須由使用者提供。各項輸入資料，
可參考會計、生產、行銷、工程等部門之實際營運資料，整理而得。
原始資料(Original Data)通常無法逕使用於模式分析中，一般需
經分析處理後才可使用，比如原料的供給，需剔除因罷工而產生的
特異情況。正確資料的取得，是整個模式運算成功的關鍵，不可不
愼。此外，電腦的使用已成爲解決模式的必備工具。

第二章　決策模式

1. 依照決策時所需面對的環境，可將決策的種類分為那些？其主要不同點何在？

   解：決策環境是一個人作決策時所需面對的環境，我們可依其所能獲得資訊的確定與不確定性，將決策分為三類：

   (1)確定性決策：

   　　在未來的環境為確定的情況下所作的決策。在此情況下，各種決策的結果是確定而且可預知的，因此決策者可確實選出最佳的方案。

   (2)風險性決策：

   　　當決策者可預知未來各種情況出現的機率時，所作的決策。比如，擲骰子出現 6 之機率為 $\frac{1}{6}$。在此情況下，決策取決於最大期望報酬或最小期望損失之方案。

   (3)不確定性決策：

   　　在決策者無法預測各種情況出現的機率時，所作的決策。例如，我們無法預知十年後臺幣對美金的匯率。

2. 敍述決策的步驟。

   解：決策的步驟歸納如下，我們以開設一家生鮮超市為例說明之。

   (1)定義問題：

   　　開或不開這家生鮮超市，應該開在那裡，店面應該多大……等。

(2)列出可能的方案：

　　確定所有可能的選擇，如生鮮超市可能的店址、店面大小及應賣

　　那些東西……等。

(3)找出可能出現的情況：

　　例如未來這個生鮮超市受不受顧客歡迎。

(4)計算出各種方案與出現情況之報酬或損失：

　　例如在受顧客歡迎或不受顧客歡迎的情況下，各種店址、店面大

　　小與販售物品內容所能獲取之利潤。

(5)選擇適合的決策理論模式：

　　例如在受歡迎時，可以選用比較樂觀的決策模式。

(6)方案選擇：

　　依照所選定模式之規則，選出最佳的方案。

　　　前述(1)～(4)適用於所有的決策，而(5)、(6)兩步驟則依所選取決

　　策模式不同而不同。

3.　何謂交替方案？出現情況(State of Nature)？

　　解：(1)所謂的交替方案，是指當我們在決策時，可能選取之方案。例如，

　　　　　王先生有一百萬元，他可以將這筆錢存在銀行以領取 8 % 的利息，

　　　　　或是買殖利率 10% 的政府公債，或是購買股票，而這三者就是王

　　　　　先生作一百萬元投資之交替方案，其間含有互斥的意思，亦即選

　　　　　了其中一種，就需放棄其它方案。

　　　　(2)所謂的出現情況(State of Nature)，是指作決策者無法決定或控

　　　　　制，但會影響決策事項結果的可能情況，例如未來的景氣情況，

　　　　　市場的需求情況，或是原料的供應情況，利率高低，股價走向……

　　　　　等。

4. 何謂期望報酬(EMV)?

   解: 所謂各方案的期望金錢報酬(Expected Monetary Value, EMV)，為此方案在各種可能出現情況下的金錢報酬，與該情況的發生機率之乘積總和。如下式所示。

   $$\Sigma R_i \times P_i$$

   其中，R_i為此方案在 i 情況下之金錢報酬，P_i為 i 情況之發生機率。

5. 何謂完全情報之最佳報酬? 何謂完全情報之期望價值(EVPI)?

   解: 所謂的完全情報，是指該情報對未來情況之預測為百分之一百的正確。而所謂完全情報之最佳報酬，乃是指當決策者依照完全情報而做出最佳決策時，所獲得之報酬。

   而所謂的完全情報之期望價值(Expected Value of Perfect Information, EVPI)，是指決策者為獲得此完全情報，所願意給予的最高費用; 換另一個角度來看，完全情報之期望價值，即為完全情報之最佳報酬與當決策者沒有完全情報時，所做最佳決策之報酬的差額。

6. 何謂期望機會損失(EOL)?

   解: 所謂期望機會損失(Expected Opportunity Loss, EOL)，是指當決策者選擇錯誤時所損失的報酬，換言之，是指在各種情況下的最大報酬，與所選方案之報酬的差額，再與各情況的發生機率乘積總和。如下式所示:

   $$\Sigma(M_i - R_i)P_i$$

   其中，$M_i = \max_i \{R_i\}$為在情況 i 時的最大報酬，R_i為所選方案在情況 i 時所得到的報酬，而P_i則為情況 i 之發生機率。

7. 敘述決策樹的規劃程序。請舉例說明之，並請說明使用決策樹之利弊。

解：(1)我們以某工廠是否生產一新型產品之決策為例，說明決策樹的規劃程序：

　　a.定義問題：列出各種可能的情況及方案，本例之出現情況為對新產品需求大或需求小，而交替方案為生產新產品或不生產新產品。

　　b.將各種情況及方案建立成樹狀圖，以 "□" 代表決策，以 "○" 表示出現情況，如下圖所示。

　　c.計算出各出現情況之機率：凡是 "○" 後面之樹枝(線段)，皆需由歷史資料求出其機率，我們假設本例中，需求大的機率為0.6，需求小的機率為0.4。

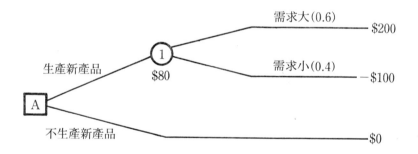

　　d.計算各方案之報酬：在本例中，假設不生產新產品之報酬為$0，若生產新產品，且需求大，則有$200之報酬，但若需求小，則會有$100的損失。

　　e.以後退(Backwards)程序，找出各出現情況點○之期望報酬，及各決策點□之最佳選擇，直到最前面的點為止。本例中，①點之期望報酬為：

$$\$200 \times 0.6 + (-\$100) \times 0.4 = \$80$$

故 Ａ 點之決策為生產新產品，期望報酬為$80。

f.由前往後找出各情況下的選擇。

⑵決策樹可將各種決策的前後順序、相關機率、成本及報酬等,以圖解法表示於網路圖上,因此其優點為:易於瞭解、易於分析,更可考慮多階段決策的複雜因素。其缺點為當決策程序增多時,決策樹會變得很龐大,而顯得繁雜。改善之道可將各決策過程寫成獨立的決策樹,亦即將大決策樹視情形化成許多小決策樹。

8.　決策模式有那些?

解:　決策模式可以分為下列幾種:

⑴期望值分析法:

包含最大EMV法,最小EOL法及EVPI之計算。

⑵特殊準則法:

最主要為不確定情況下決策,包含Maximax法、Maximin法、赫威茲準則、相等可能準則及Minimax法。

⑶決策樹法:

以樹狀代表決策的過程與順序。

⑷貝氏法則:

為計算邊際機率與條件機率之工具,通常與決策樹結合運用。

⑸邊際分析法:

利用〔期望邊際利潤＝期望邊際損失〕之觀點找出一適合需求之最佳供應量。

9.　林先生手上有筆錢,想投資股票、公司債、不動產或者存於定存。你是否可幫林先生想想看,未來經濟出現的情況會有那些? 並將各種投資方案及各經濟情況,以決策樹表示之。

解:　我們考慮兩個因素來決定未來情況:

(1)通貨膨脹: 分為發生及不發生兩種情況。

(2)景氣好壞: 分為好、普通與差三種情況。

根據前兩個因素之配合, 可組成 6 種出現情況, 我們可以決策樹表示如下:

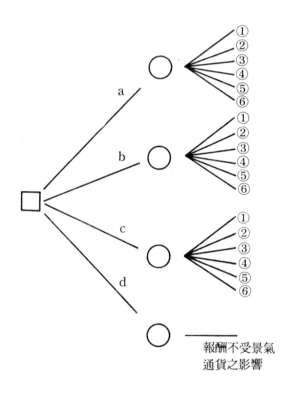

其中:

①為有通貨膨脹, 景氣好。　　a 為投資股票。

②為有通貨膨脹, 景氣普通。　b 為投資公司債。

③為有通貨膨脹, 景氣差。　　c 為投資不動產。

④為無通貨膨脹, 景氣好。　　d 為存於定存。

⑤為無通貨膨脹, 景氣普通。

⑥為無通貨膨脹, 景氣差。

10. 在不確定環境下制定決策時，那些技術會有較樂觀的結果? 那些會有較
悲觀的結果?

　　解: 在不確定的環境下做決策的模式有: Maximax法、Maximin法、赫
威茲準則、相等可能準則與Minimax法。其中:

　　　⑴有悲觀結果者: Maximin法與Minimax法。

　　　⑵有樂觀結果者: Maximax法。

　　　⑶中間結果者: 相等可能準則。

　　　⑷依決策者之悲、樂觀程度: 赫威茲準則。

11. 在何種狀況下，決策樹會優於決策表?

　　解: 決策樹與決策表所依據的理論相同，但其表達的方式不同，因而使
決策樹在某些部分優於決策表。決策樹將各種決策的前後順序、相
關機率、成本及報酬等，以圖解法(Graphical Method)表示於一種
網路圖上，使決策樹比決策表易於被人瞭解、易於分析，也能考慮
較多的因素。因此，當所作的決策為連續相關的數個決策之結合時，
若用決策表，將大費周章，而若使用決策樹，則將可在一個決策樹
上表達整個決策問題，並作成決策。

12. 那些資訊需要放在決策樹上?

　　解: 要放在決策樹上的資訊，主要有:

　　　⑴各種可能出現情況。

　　　⑵各種可供選擇的交替方案。

　　　⑶各個出現情況的出現機率。

　　　⑷各個方案在各種出現情況下的報酬或成本。

　　　⑸計算出各個Branch之EMV。

13. 描述你如何使用決策樹，以EMV準則得到最佳的決策。

解：使用決策樹的程序如下：

(1)定義問題：列出各種可能情況及方案。

(2)將各種可能情況及方案建立成樹狀流程，以 "□" 表示決策，"○" 表示出現之情況。

(3)計算各種出現情況之機率：於是 "○" 後面之樹枝(即線段)，皆須由歷史資料或使用統計方法計算機率。

(4)計算各情況下，各方案之報酬。

(5)以後退(Backwards)程序，找出各個決策點 "□" 的最佳選擇，及算出各個出現情況點 "○" 之EMV*，如此重複往前推，直到最前面的點爲止。

(6)並由前往後找出各出現情況下的選擇。

＊EMV之計算乃將各Branch之報酬乘上機率之總和。

14. 貝氏分析的目的爲何？描述你如何在決策制定過程中使用貝氏分析？

解：(1)利用貝氏分析，我們可以利用原來已知之事前機率，求出以決策樹做決策時所須之事後機率，以利決策。

(2)而貝氏分析在決策制定過程中的使用情況說明如下：

a.整理問題所給予之機率（事前機率）。

b.畫出決策圖。

c.利用貝氏法則，求出決策樹所需之事後機率。

d.將求出機率填入決策樹中，而後完成決策樹，並選擇最佳的方案。

15. 當未來出現的情況之機率分配爲斷續的數據時(如例2-14)，用邊際分析來決定最佳存貨政策時需要什麼資訊？

解：當未來出現情況之機率爲斷續的數據時，用邊際分析來決定最佳存貨政策所需的資訊爲：

(1)各種需求量的發生機率。

(2)在各種存貨量的情形下，增加一單位的存貨，可能造成之邊際利潤MP。

(3)在各種存貨量的情形下，增加一單位的存貨，可能造成之邊際損失ML。

根據上述三項資料，我們就可運用邊際分析法

$$P（需求 \geq Q^*）= \frac{ML}{ML+MP}$$

來求得最佳存貨量Q*。

16. 當未來出現的情況機率爲常態分配時，用邊際分析來決定最佳存貨政策時需要什麼資訊?

解：當未來出現的情況的機率爲常態分配時，用邊際分析法來決定最佳存貨政策所需要的資訊爲：

(1)過去需求量的平均值。

(2)過去需求量的歷史資料中，在某一需求量範圍內之機率。

(3)每個存貨量每增加一單位存貨可能造成之損失ML。

(4)每個存貨量每增加一單位存貨可能增加之利得MP。

根據(1)、(2)，我們可求出出現情況之標準差；根據(3)、(4)，我們則可用邊際分析法公式求出下面機率：

$$P（需求 \geq Q^*）= \frac{ML}{MP+ML}$$

而我們可再用(1)之平均值，與前面計算得之標準差，透過Z分配之轉換，求出最佳存貨量Q*。

17. 王先生做了一些腳踏車店的機率分析。如果王先生開一家大型的腳踏車店,市場好的話,他將賺$60,000;但若市場狀況不佳,他將損失$40,000。若開小型的腳踏車店,在市場好的情況下,可賺$30,000,但市場不好時將損失$10,000。現在,他相信市場狀況好壞之機率各為 50-50。他的行銷學教授願替他作市場調查並索取費用$5,000。據估計,此調查顯示有利的機率為 0.6,並且,若此調查顯示有利,則市場有利的機率為 0.9。然而行銷學教授也警告王先生,如果調查的結果顯示不利,則市場有利的機率只有 0.12。王先生很困擾,他應該怎麼辦呢? 以決策樹解決之。

解: 本題有兩個決策步驟,一個是需不需要行銷學教授作市場調查,另一個是選擇開大型的或小型的腳踏車店。我們將本題之各項選擇、出現情況、機率與報酬畫成決策樹。

其EMV計算如下:

點②: $0.9 \times \$55,000 + 0.1 \times (-\$45,000) = \$45,000$

點③: $0.9 \times \$25,000 + 0.1 \times (-\$15,000) = \$21,000$

點④: $0.12 \times \$55,000 + 0.88 \times (-\$45,000) = -\$33,000$

點⑤: $0.12 \times \$25,000 + 0.88 \times (-\$15,000) = -\$10,200$

點⑥: $0.5 \times \$60,000 + 0.5 \times (-\$40,000) = \$10,000$

點⑦: $0.5 \times \$30,000 + 0.5 \times (-\$10,000) = \$10,000$

決策點之選擇:

點B_1: ②、③中大者為②=$45,000, 故開大型店。

點B_2: ④、⑤中大者為⑤=-$10,200, 故開小型店。

點B_3: ⑥、⑦皆為$10,000, 故兩種店面皆可。

①點之EMV計算:

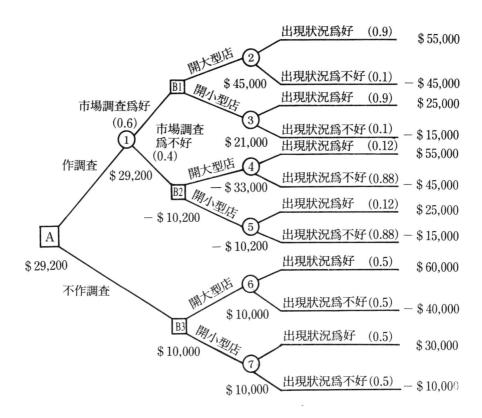

$$0.6 \times \$45,000 + 0.4 \times (-\$10,200) = \$29,200$$

A點之決策：

　　因①之EMV為$29,200，比B₃點之$10,000 大，故選擇做市場調查，故A點之EMV為$29,200。

結論：

　　王先生應請行銷學教授作市場調查；若調查結果有利，則應開大型店；若調查結果不利，則應開小型店。

18.　在第17題中，王先生的行銷學教授估計市場調查結果有利的機率為0.6。然而王先生不確定此機率是否正確。請問，王先生在第 17 題中所做

的決定對此機率值有多大的敏感度？此機率值可偏離 0.6 多遠才會改變王先生的決策？

解：我們假設當調查為有利之機率為x時，所有的決策皆不會改變，則

$$x \times 45,000 + (1-x) \times (-10,200) \geq 10,000$$

$$45,000\,x - 10,200 + 10,200\,x \geq 10,000$$

$$55,200\,x \geq 20,200$$

$$\therefore x \geq 0.3659 \longrightarrow 敏感度之範圍$$

即當此機率偏離 0.6－0.3659＝0.2341 以上，使此機率小於 0.3659 時，王先生將會改變決策。

19. 林先生是客泰電子公司經理，目前該公司擬購進設備以增加產量，有三種不同之規格可供選擇，設備A成本最高，產量最大；B設備成本及產量皆居中；C設備則居末。林先生分析後，其相關損益如下（"－"號者代表損失）。而林先生未來對景氣情況，一點把握也沒有。

設 備	未來情況	
	景 氣	不景氣
A	$330,000	－$220,000
B	$200,000	－$140,000
C	$ 85,000	－$ 28,000

(a)林先生面臨何種型態之決策？

(b)如果林先生是個樂觀主義者，你建議他使用何種決策準則？購買那個設備？

(c)如果由各項報導，可測得未來經濟成長率將減緩，你建議他使用何種決策準則？購買那個設備？

(d)如果未來經濟景氣與否，毫無跡象可循，你又作何建議？

解：(a)林先生對未來的景氣狀況一點把握也沒有，故為不確定性決策。

(b)若林先生是樂觀主義者，則建議其使用Maximax準則，如下表：

設備	景氣	不景氣	每列之極大值
A	$330,000	−$220,000	$330,000
B	$200,000	−$140,000	$200,000
C	$ 85,000	−$ 28,000	$ 85,000

由上表中，極大值最大者為$330,000，故買設備A。

(c)若各項報導皆預測未來經濟成長將減緩,則建議採取悲觀的Max-imin準則，如下表：

設備	景氣	不景氣	每列之極小值
A	$330,000	−$220,000	−$220,000
B	$200,000	−$140,000	−$140,000
C	$ 85,000	−$ 28,000	−$ 28,000

由上表中，極小值最大者為−$28,000，故選買設備C。

(d)若未來經濟景氣毫無跡象可循，則建議使用赫威茲準則，由決策者本身之偏好設定權數。

20. 由目前一本電子專業雜誌中分析，未來電子零件市場看好的機會為70%，而看壞的機會為30%，如在第19題中，林先生想用此機率來決定最佳的決策。

(a)他該使用何種決策模式? 應購買何種設備?

(b)林先生想要知道，如果設備A在景氣時的利潤降低時, 降到多少, 會使林先生改變在(a)中所作的決策?

解：(a)由於已知未來景氣之出現機率，故應使用風險下決策模式，計算

各方案之EMV值:

買A設備:

$$EMV(A) = 0.7 \times \$330,000 + 0.3 \times (-\$220,000)$$
$$= \$165,000$$

買B設備:

$$EMV(B) = 0.7 \times \$200,000 + 0.3 \times (-\$140,000)$$
$$= \$98,000$$

買C設備:

$$EMV(C) = 0.7 \times \$85,000 + 0.3 \times (-\$28,000)$$
$$= \$51,100$$

因三者之EMV以A設備最大,故應購買A設備。

(b)假設A設備在景氣好時之利潤為x仍然不更改決策,則

$$0.7x + 0.3 \times (-220,000) \geq 98,000$$
$$0.7x - 66,000 \geq 98,000$$
$$0.7x \geq 164,000$$
$$x \geq 234,285.7$$

故當A設備在景氣好之利潤降至 234,285 時,林先生將改變(a)中所作之決策,而改購買B設備。

21. 陳先生總是以他個人的投資策略引以為傲,並且在過去幾年,他都做得很好。剛開始,他投資於股票市場,然而,在過去這幾個月,陳先生非常在意股票市場是否為一項好的投資。或許把錢放在銀行,會比放在股票市場要好。未來六個月,陳先生必須決定把$30,000 放在股票市場或是六個月的定期存款以賺取 8%的利息。在股票投資上如果市場狀況好,陳先生相信他可獲得 13%的利潤。若狀況普通,他預期可獲得 7%之報酬率。如果狀況不好,他相信將無法獲取利潤,亦即報酬率為 0%。陳先生

估計市場狀況好的機率爲 0.4，狀況普通的機率爲 0.4，狀況不好的機率

爲 0.2。

(a)製作一份決策表。

(b)何者爲最佳選擇?

(c)以決策樹解決本題。

解：本題之交替方案有二，一爲定期存款，一爲股票投資；而其出現狀

　　況有三種，即爲狀況好、狀況普通、狀況不好。

　　(a)本題之決策表如下：

方案＼狀況	好(0.4)	普通(0.4)	不好(0.2)	EMV
定期存款	$2,400	$2,400	$2,400	$2,400
股票投資	$3,900	$2,100	$0	$2,400

　　　$30,000 \times 0.8 = $2,400，$30,000 \times 0.13 = $3,900，

　　　$30,000 \times 0.7 = $2,100

　　　EMV（定存）$= $2,400

　　　EMV（股票）$= $3,900 \times 0.4 + $2,100 \times 0.4 = $2,400

　　(b)因兩種方案之EMV相同，故皆爲最佳選擇。

　　(c)本題之決策樹如下：

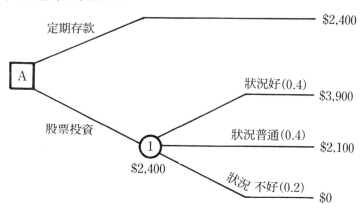

22. 在第 21 題中，你已幫陳先生決定了最佳的投資策略。現在，陳先生想訂
    閱一份股市簡訊。他的朋友說這些簡訊能將股市狀況預測得非常正確，
    根據這些預測，陳先生可作出更佳的投資決策。

    (a)陳先生最多願付出多少購買一份簡訊？

    (b)陳先生現在相信市場狀況好時，只能獲得 11% 之報酬率而非 13%。這
       將改變陳先生願付出的數目嗎？如果是，那麼陳先生最多願付多少購
       買一份簡訊？

    解：(a)我們可將這份股市簡訊視爲完全資訊，而完全資訊之最大報酬爲：

    $$0.4 \times \$3,900 + 0.4 \times \$2,400 + 0.2 \times \$2,400 = \$3,000$$

    沒有完全資訊之期望報酬爲 $2,400

    $$\$3,000 - \$2,400 = \$600$$

    故陳先生最多願付 $600 來購買此簡訊。

    (b)會改變。

    $$\$30,000 \times 11\% = \$3,300$$

    $$0.4 \times \$3,300 + 0.4 \times 2,400 + 0.2 \times 2,400 = \$2,760$$

    $$\$2,760 - \$2,400 = \$360$$

    故此時陳先生最多願付 $360 來購此簡訊。

23. 王小姐有三條路線可以去上班，她可以完全走正義路，也可以走和平路
    去上班，或者走高速公路。交通狀態相當複雜，不過，當狀態好時，正
    義路是最快的路線。當正義路擁擠時，走其他路線較佳。在過去兩個月
    中，王小姐在各種不同的交通狀態下嘗試每一條路線數次。其結果彙總
    於下表：

單位: 分鐘

	無交通阻塞	稍微交通阻塞	嚴重交通阻塞
正義路	10	25	40
和平路	15	20	30
高速公路	25	25	25

在過去 60 天中，王小姐遇到嚴重交通阻塞有 10 天，稍微交通阻塞有 20 天。假設過去 60 天的交通爲典型的交通狀況。

(a)製作此決策之決策表。

(b)王小姐應走那條路?

(c)王小姐想買一部收音機放在車上以便在上班前正確得知交通狀況。則王小姐平均可節省幾分鐘的時間?

(d)請以決策樹解決此問題。

解: (a) $10 \text{ 天} \div 60 \text{ 天} = \frac{1}{6}$, $20 \text{ 天} \div 60 \text{ 天} = \frac{1}{3}$, $1 - \frac{1}{6} - \frac{1}{3} = \frac{1}{2}$

故決策表如下:

單位: 分鐘

出現情況　交替方案	無阻塞($\frac{1}{2}$)	稍微阻塞($\frac{1}{3}$)	嚴重阻塞($\frac{1}{6}$)	期望值
正義路	10	25	40	20
和平路	15	20	30	19.2
高速公路	25	25	25	25

期望值之計算:

$$E \text{ (正義路)} = 10 \times \frac{1}{2} + 25 \times \frac{1}{3} + 40 \times \frac{1}{6} = 20$$

$$E \text{ (和平路)} = 15 \times \frac{1}{2} + 20 \times \frac{1}{3} + 30 \times \frac{1}{6} \doteqdot 19.2$$

$$E \text{ (高速公路)} = 25$$

(b)因走和平路之時間期望值 19.2 分鐘最少，故王小姐應走和平路。

(c)若王小姐裝設車上收音機，則她可以完全獲知路況再作決策，故其時間之期望值為：

$$10 \times \frac{1}{2} + 20 \times \frac{1}{3} + 25 \times \frac{1}{6} \fallingdotseq 15.8$$

$$19.2 - 15.8 = 3.4$$

所以，王小姐平均可以節省 3.4 分鐘。

(d)本決策有兩個決策點，一為決定是否買收音機，二為選走那一條路，其決策樹如下：（單位：分鐘）

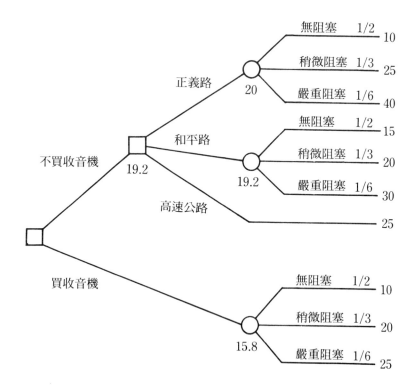

各期望值之計算見(a)與(c)

24. 在還沒有作市場調查前，李先生相信他哥哥的食品店會成功的機率為 0.5。而市調人員提供的資料是，假設未來食品店成功，則市調結果亦為成功的機率為 0.8，而如果未來食品店不成功，則市調結果亦為不成功的機率為 0.7。此項資訊乃根據過去經驗而得。

   (a)如果市調結果為成功，則李先生應將他哥哥的食品店會成功的機率修正為多少？

   (b)如果市調結果為不成功，則李先生應將他哥哥的食品店會成功的機率修正為多少？〔註：本題為貝氏法則之應用〕

   解：我們可用貝氏法則，計算各種狀況發生之機率如下表：

	經營成功	經營不成功	邊際機率
市調成功	0.5×0.8＝0.4	0.5×0.3＝0.15	0.55
市調不成功	0.5×0.2＝0.1	0.5×0.7＝0.35	0.45
邊際機率	0.5	0.5	1

   (a)由上表可知，若市調成功，李先生的哥哥食品店會經營成功的機率為：

   $$0.4 \div 0.55 \fallingdotseq 0.727$$

   (b)同理，若市調結果為不成功，而李先生的哥哥食品店會成功之機率為：

   $$0.1 \div 0.45 \fallingdotseq 0.222$$

25. 張先生是高雄市美味公司的管理者，該公司生產與椰子有關的產品。其中可口椰子餅一直是種很受歡迎的產品。其銷售量的機率列於下表：(每日)

需求量（盒）	機率	累積機率
10	0.2	1
11	0.3	0.8
12	0.2	0.5	← 0.5
13	0.2	0.3
14	0.1	0.1

一盒可口椰子餅賣$100，且其成本爲$75。所有在當日還未賣出的椰子餅都以每盒 50 元賣給該地的食品加工廠。且美味公司絕不賣隔夜的椰子餅。請問美味公司每日應生產多少盒椰子餅?

解：邊際利潤MP＝$100－$75＝$25

邊際損失ML＝$75－$50＝$25

由邊際分析法:

$$P（需求量 \geq Q^*）＝\frac{\$25}{\$25＋\$25}＝0.5$$

$$\because 0.1＋0.2＋0.2＝0.5$$

$$\therefore Q^*＝12$$

故美味公司每日應生產 12 盒椰子餅。

26. 趙小姐爲某週報的販售小姐。通常她每個禮拜可賣 3,000 份，且其銷售量有 70% 落在 2,990 與 3,010 之間。每份週刊的成本是$150，但可賣$350。當然，此週刊超過一個禮拜以後就沒有價值了。請問趙小姐每個禮拜應批購幾份週刊? （假設銷售量趨於常態分配）

解：$\mu＝3,000$

$$\therefore \frac{3,010－3,000}{\sigma}＝Z_{0.85}＝1.04 （查表得知）$$

$$\therefore \sigma＝10 \div 1.04 \fallingdotseq 9.615$$

邊際利潤MP＝$350－$150＝$200

邊際損失ML＝$150

由邊際分析法：

$$P（需求量\geq Q^*）=\frac{ML}{MP+ML}=\frac{\$150}{\$200+\$150}=0.4268$$

1-0.4268＝0.5714

查表得知$Z_{0.5714}$＝0.18

$$\therefore\frac{Q^*-3,000}{9.615}=0.18$$

$\therefore Q^*=9.615\times0.18+3,000\doteqdot3,002$

故趙小姐每個禮拜應批購 3,002 份週刊。

第三章　存貨模式

1. 爲什麼存貨對管理者而言，是一項很重要的考慮因素？

    解：對很多公司而言，存貨控制是一項重要的考量因素，因爲存貨約佔
    其所有資產的 40% 以上。管理者一方面必須減少存貨以降低成本，
    但另一方面，卻又必須增加存貨以避免缺貨之發生及顧客對於缺貨
    之不滿意。所以，如何保持適當的存貨水準，乃成爲管理上的重要
    課題。

2. 存貨控制的目的何在？

    解：存貨控制之主要目的，即在滿足顧客需求、產品或原料供應情形及
    各項存貨成本問題間，找到一平衡點，使各方面都能得到最適當的
    安排。

3. 在何種情況下，存貨可用來當作對抗通貨膨脹的一種避險工具？

    解：當存貨項目之通貨膨脹非常嚴重時，以存貨之現在價格購買存貨，
    可以做爲通貨膨脹之避險工具。可是在使用此方法時，必須仔細評
    估此方法所引起之倉儲成本的增加；當愈多的存貨被購入以做爲通
    貨膨脹之避險工具時，則須負擔更高的倉儲成本。

4. 爲何公司不會一直儲存大量的存貨以避免缺貨？

    解：儲存大量的存貨可以消除存貨之短少及缺貨。但是，另一方面，儲
    存大量的存貨會大大地增加倉儲成本。所以必須仔細衡量介於倉儲

成本及存貨短缺之間的均衡；在決定公司到底須握有多少的存貨
時，最終之目標即在使倉儲成本及缺貨成本之總和降到最低。

5. 試描述在存貨控制中，所必須做的主要決策有那些?

　解：在整個存貨系統中，存貨控制之決策重點在於：(1)何時訂購，(2)訂
　　　購多少；這兩項決策最主要是取決於全年存貨成本之最低者，此外
　　　也需考慮到服務水準及其他公司主要的考慮因素。

6. 在使用經濟訂購量(Economic Order Quantity)時，有那些假設?

　解：經濟訂購量是最簡單也是使用最廣的存貨模式。此模式之使用，有
　　　下列假設：
　　　(1)每日需求爲已知常數。
　　　(2)前置時間. 即從訂貨至貨物到手間之時間，爲已知常數。
　　　(3)一次訂購之貨物乃是整批進來，而非分次進貨。
　　　(4)不管每次訂購量爲多少，皆無折扣。
　　　(5)由於每日需求量皆爲已知常數，因此可控制存貨系統，不致有缺
　　　　　貨之情形發生。
　　　(6)存貨補充是立即性，而且是當存貨剛好降到零時，訂貨立即到達。
　　　(7)存貨成本是以平均存貨計算。
　　　(8)成本包括：訂貨成本、存貨成本、購買價格均已知，而且是常數。

7. 討論在決定經濟訂購量時，有那些主要的存貨成本?

　解：存貨的主要成本項目如下：
　　　(1)物品成本(Item Cost)：
　　　　　即該項物品之生產或購買成本；如果是自己工廠製造，則是生產
　　　　　成本，如果是外購，則包括物品之購買成本和加值稅。

(2)訂購成本(Ordering Cost)：

當存貨是立即補充時，則為每次訂貨所需之訂貨作業成本。這項成本一般按次數計算。訂購成本包括：提出訂貨的成本，處理或檢查貨品之成本、會計作業成本，以及運輸成本（如果運輸以次數計算）。當存貨是連續均衡補充時，則訂購成本相當於籌備生產之成本，包括生產前後機器之準備與整理。

(3)倉儲成本(Carrying Cost)：

當存貨維持一段時間，則有倉儲成本，包括：存貨投資之機會成本(資金成本)，庫存成本，保險費、稅金、折舊、損壞、遺失以及倉儲人員薪資。

(4)安全存貨成本(Safety Stock Cost)：

指在正常存貨水準之外，另外備有經常性之存貨，以避免突發性缺貨之發生。此項單位成本之計算方式通常與倉儲單位成本相同。

(5)缺貨成本(Stockout Cost)：

當缺貨發生時所損失之成本。發生缺貨成本是因為合約的懲罰，生產其他產品的中斷，商譽上的損失，以及失去未來的需求。由以上看來，缺貨成本似乎較難估計。

8. 何謂「訂購點」(Reorder Point)？它如何決定？

解：(1)訂購點：

訂購點指出何時應該訂購新的一批貨物項目。當存貨量等於或小於訂購點時，則必須發出訂單。

(2)如何決定：

在基本之經濟訂購量模式中，訂購點是由每一段期間之需求量乘以新訂單之前置時間所決定的。然而在大部分之情況下，此期間之計算是以每日為單位。

9. 「敏感度分析」(Sensitivity Analysis)的目的爲何?

解: 假設由EOQ模式所求得的最佳訂購量爲Q^*,則當計算Q^*之諸項資料有所改變時,Q^*亦會隨之改變。探討各項資料改變對Q^*之影響,即是敏感度分析。而其目的是要瞭解Q^*對各項資料的改變是否敏感,也就是說當資料改變很大(或很小)時,Q^*之變動情形。如當資料改變很多,但Q^*及其相關之成本變化不大時,我們就說該模式不敏感。這樣的分析目的,在使管理者對資料的擷取能有更大的彈性,並增強管理者使用該模式之信心。

10. 在數量折扣模式中,爲何倉儲成本被表示爲貨品單位成本的百分比,而非固定之成本呢? (請參考例 3-3)

解: 根據倉儲成本之定義,可知倉儲成本包括物品成本之利息、保險、損壞、遺失、流失、稅負損失等等,以上的一切皆與物品的單位成本有著正比關係,也就是說當物品成本越高時,這些成本也會越大。此外,這樣的計算方式也較簡單,因此一般均以貨品單位成本的百分比表示。尤其在例 3-3 中,各個不同折扣的物品,其成本不同,故所產生的倉儲成本也會有差異,因此以物品成本的百分比表示較適當。

11. 簡要描述如何解一個數量折扣模式。

解: 解決一個數量折扣模式通常包括下列幾個步驟:

(1)對每一個價格折扣範圍,計算其經濟訂購量。

(2)如果步驟(1)所求出之各折扣範圍之經濟訂購量,並未達到該折扣範圍之最低數量要求,則須對所求出之經濟訂購量作修正,使其達到最低之數量要求。如果步驟(1)所求出之各折扣範圍之經濟訂購量,已經達到該折扣範圍之最低數量要求,則進行下一個步驟。

(3)對於每一個折扣範圍所求出之經濟訂購量，計算其存貨總成本。

　　有折扣之存貨模式全年成本

　　＝全年物品成本＋全年訂購成本＋全年倉儲成本

(4)選擇所有折扣範圍中，其總成本為最低的，則該範圍所求出之經濟訂購量，即為數量折扣模式之最佳訂購量。

12. 討論知道及不知道缺貨成本(Stockout Cost)兩種情況下，安全存貨的決定方法。

　　解：(1)當缺貨成本為已知：

　　　　安全存貨量可以藉由比較每一個安全存貨政策之總成本而決定。但是此法必須在a.前置時間之需求機率情況，b.缺貨成本，c.經濟訂購量模式之慣例成本，皆為已知下，方能進行。

　　　　(2)當缺貨成本為不可知：

　　　　首先，必須建立一套服務水準政策。在此模式下，我們只須知道前置時間之需求機率情況即可，此機率情況則不限定在連續或離散之機率情況。如此一來，我們可以規定前置時間之缺貨機率不得低於某一服務水準，而決定出安全存貨量。

13. 敍述ABC分析之目的何在。

　　解：ABC分析法將貨品依其重要性分為A、B、C三類，最重要者歸於A類，其次為B類，最不重要者歸為C類。

　　　　(1)A類須要嚴密之監視及控制，且以EOQ等模式作詳細之存貨規劃。

　　　　(2)B類只須從其中挑出較重要之幾個項目，加以監視及控制，並以數量方法加以規劃。

　　　　(3)C類及部分B類則不需作詳細之存貨規劃。

　　　　如此一來，ABC分析法可以針對重要的存貨項目做重點管理，而達到精簡人力、物力之功效。

14. 成長電子公司，大螺絲釘的年需求量是 365,000 個，林小姐在該公司擔任採購員。她估計每一次訂購的成本為\$500，此成本包括她的工資在內。並且，每個螺絲釘每年的倉儲成本是\$2。請問她一次應訂購多少個螺絲釘？假設前置時間為四天，請問訂購點為多少？

　　解：年需求量＝365,000 個

　　　　訂購成本＝\$500

　　　　倉儲成本＝\$2

　　　　前置時間＝ 4 天

　　　　假設成長電子公司，大螺絲釘之每日需求量均相同則

$$每日需求量＝\frac{365,000}{365}＝1,000 （個）$$

　　(1)經濟訂購量$＝\sqrt{\frac{2\times365,000\times500}{2}}＝13509.25$

$$≈13,509 （個）$$

　　　∴每次應訂購 13,509 個大螺絲釘。

　　(2)訂購點＝前置時間×前置時間內每日需求量

$$＝4\times1,000$$

$$＝4,000 （個）$$

15. 林小姐的老板認為她一年訂購太多次螺絲釘了。他認為一年應該訂購兩次。如果林小姐照她老板的指示去做，則她每年的成本會比第 14 題多出多少？如果每年只訂購兩次，則對「訂購點」(ROP)有何影響？

　　解：假設一年只訂購兩次，且每次訂購量皆相同。

$$\therefore \text{每次訂購量} = \frac{\text{年需求量}}{2} = \frac{365,000}{2} = 182,500$$

$$\text{依老板意見之存貨成本} = 2 \text{（次）} \times \$500 + \frac{182,500}{2} \times \$2$$

$$= \$183,500$$

$$\text{第 14 題之存貨成本} = \frac{365,000}{13,509} \times \$500 + \frac{13,509}{2} \times \$2$$

$$= \$27,018.51$$

$$\approx \$27,018$$

(1)若依老板之意見，該公司須多出 $\$183,500 - \$27,018 = \$156,482$

(2)如果每年訂購兩次，並不會對訂購點產生影響，因為每日需求量
及前置時間均未改變。

16. 蔡先生是崇尚文具公司經理。該公司由以往經驗知道鉛筆盒之年需求量
是 4,000 個。每個鉛筆盒的成本是 $\$90$，且存貨成本占總成本的 10%。蔡
先生研究過，每次訂購成本是 $\$25$，並且從訂購到收貨約須兩個禮拜。在
這段期間中，每個禮拜的需求量約為 80 個。請問，

(a)經濟訂購量是多少？

(b)訂購點是多少？

(c)每年的總存貨成本是多少？

(d)每年的最佳訂購次數是多少？

(e)兩次訂購之間的最佳天數是多少？

解：年需求量＝4,000

鉛筆盒成本＝$\$90$

訂購成本＝$\$25$

倉儲成本＝$10\% \times \$90 = \$9$

前置時間＝2 星期

前置時間內需求量＝80 個／星期

(a)經濟訂購量＝$\sqrt{\dfrac{2 \times 4,000 \times 25}{9}}$＝149.07≈149 （個）

(b)訂購點＝2×80＝160 （個）

(c)每年之總存貨成本＝$\dfrac{4,000}{149} \times 25 + \dfrac{149}{2} \times 9$＝\$1,341.64

$$≈ \$1,342$$

(d)每年之最佳訂購次數＝$\dfrac{4,000}{149}$

$$＝26.85≈27 （次）$$

(e)兩次訂購之間的最佳天數＝$\dfrac{365}{27}$＝13.52

$$≈13.5 （天）$$

17. 莊先生擁有一家生產電動剪刀的小公司。其每年的需求量是 8,000 隻，且莊先生是分批生產剪刀。平均而言，每天可生產 150 隻剪刀，且在生產過程中，每天的剪刀需求量大約 40 隻。每次啓動生產的成本是\$4,000，且每隻剪刀每年的倉儲成本是\$30，請問莊先生每批應生產多少隻剪刀？

解：年需求量＝8,000 隻

每日生產數量＝150 隻

每日需求量＝40 隻

每次生產之啓動成本＝\$4,000

單位倉儲成本＝\$30

(1)本題所求之每批應生產之剪刀數量，其意義與外購時之經濟訂購量相同。

(2)由於生產的同時，亦賣出部份剪刀，所以倉儲成本必須降低$\dfrac{40}{150}$。

(3)每批應生產數量 $= \sqrt{\dfrac{2 \times 8,000 \times 4,000}{30 \times (1-\dfrac{40}{150})}}$

$\qquad\qquad\qquad = 1,705.61 \approx 1,706$ （隻）

∴莊先生每批應生產 1,706 隻剪刀。

18. 泰北五金公司每年唧筒(pump)的需求量為 1,000 個。每個唧筒的成本
　　是$500，泰北公司每次訂購的成本是$100，且其倉儲成本是單位成本的
　　20%。如果一次訂購 200 個，可以有 3%的折扣，請問泰北公司是否應該
　　一次訂購 200 個以享受 3%的折扣?

　解：年需求量＝1,000

　　　唧筒單位成本＝$500

　　　訂購成本＝$100

　　　單位倉儲成本＝20%×$500

　　　(1)不享受 3%折扣

　　　　經濟訂購量 $= \sqrt{\dfrac{2 \times 1,000 \times 100}{20\% \times 500}} = 44.72 \approx 45$

　　　　全年總成本 $= 1,000 \times 500 + \dfrac{1,000}{45} \times 100 + \dfrac{45}{2} \times 0.2 \times 500$

　　　　　　　　　$= \$504,472$

　　　(2)享受 3%折扣

　　　　單位唧筒成本 $= (1-0.03) \times 500 = 485$

　　　　經濟訂購量 $= \sqrt{\dfrac{2 \times 1,000 \times 100}{20\% \times 485}} = 45.41 \approx 45$

　　　　∵45 低於折扣之最低數量要求，

　　　　∴必須修正至最低要求 200 個

　　　　全年總成本 $= 1,000 \times 485 + \dfrac{1,000}{200} \times 100 + \dfrac{200}{2} \times 0.2 \times 485$

＝$495,200

(3)比較兩者之全年總成本，可知享受折扣之總成本較低，所以泰北
公司應該一次訂購 200 個，以享受 3% 折扣。

19. 劉先生由於太忙而無法分析他公司的每一項存貨，下表是六種存貨的單
位成本以及需求量

存貨號碼	單位成本	需求量
A1	$584	1,500
A2	$540	1,200
B1	$115	900
C2	$7,500	1,100
B2	$205	1,110
C1	$210	960

請問那些項目該用數量之存貨技術小心控制，那些項目無須密切控制？

解：

存貨號碼	單位成本×需求量＝總成本
A1	$ 584×1,500＝$ 876,000
A2	$ 540×1,200＝$ 648,000
B1	$ 115× 900＝$ 103,500
C2	$7,500×1,100＝$8,250,000
B2	$ 205×1,110＝$ 227,550
C1	$ 210× 960＝$ 201,600

總存貨成本＝876,000＋648,000＋103,500＋8,250,000＋

227,550＋201,600

＝$10,306,600

總成本之 70%＝7,214,620

∴只要C2須用數量之存貨技術小心控制，而其他項目皆無須密切控制。只要當盤點C2時，同時盤點其他項目之存貨並考慮訂貨即可。

20. 大大公司由各方面資料，決定今年將訂購15次A貨品。假設倉儲成本每單位每年是\$8，而每單位缺貨成本是\$20。試利用下列前置時間內之需求分配，找出最佳的安全存貨。〔註：訂購點訂爲300個〕

前置時間內需求	機　率
200	0.1
250	0.2
訂購點(ROP)→ 300	0.4
350	0.2
400	0.1

解：今年訂購次數＝15

單位倉儲成本＝\$8

單位缺貨成本＝\$20

∵會產生缺貨之情況，只有在前置時間內需求量大於訂購點時，才會產生，故只需考慮表格中之後三項。

安全存貨	增加之倉儲成本(1)	缺貨成本(2)	總成本 [(1)+(2)]
0	0	$20×50×0.2+$ $20×100×0.1	\$400
50	\$8×50	\$20×50×0.1	\$500
100	\$8×100	0	\$800

比較表格中之總成本，可知安全存貨爲零時爲最小。所以大大公司之最佳安全存貨爲零。

21. 兒童糖果公司在前置時間內的糖果禮盒需求爲常態分配，即Normal(12,

2^2) (平均數 12, 標準差爲 2, 以打爲單位)。如果該公司打算使其缺貨情形在 10%以下, 你建議該公司應有多少安全存貨? (訂購點設爲 12)

解: 缺貨率與安全存量之關係如下:

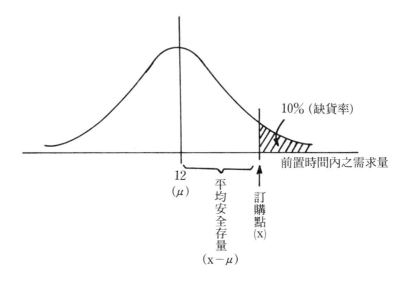

爲使缺貨機率小於 10%, 我們可查常態分配表, 求得Z值, Z=1.285

$$由 Z = \frac{x-\mu}{\sigma} \Rightarrow x-\mu = \sigma \cdot Z$$

$$= 2 \times 1.285$$

$$= 2.57 \approx 3$$

∴兒童糖果公司欲使缺貨率在 10%以下, 則應有 3 打之安全存貨。

22. 某製造商依照所接的訂單生產。銷售部門將未來五週的訂單整理如下:

週　　別	需　求　量
第一週	40
第二週	27
第三週	50
第四週	65
第五週	85

(a)假設商品成本爲$50，每週倉儲成本爲每件商品的 1%，訂購成本每次 $20，請問每週的生產量應爲多少？

(b)如你已安排好未來五週的生產排程，但在第三週時，突然有一批緊急 訂貨，須在該週出貨，你如何調整你的生產計劃？

解：(a)首先，整理出如下之累積需求量：

週別	需求量	累積需求量
第一週	40	40
第二週	27	67
第三週	50	117
第四週	65	182
第五週	85	267

每週之平均需求量爲 $\frac{267}{5} = 53.4 \approx 53$

假設這是每週之需求量，則我們可使用EOQ模式，得出每次製造 量如下：

$$Q^* = \sqrt{\frac{2 \times 53 \times \$20}{1\% \times \$50}} = 65.11 \approx 65$$

而每次製造量$Q^* = 65$，達第一週及第二週之需求量 67，所以第一 週之生產量爲 67 個，而第三週至第五週之週平均需求量現在爲 $\frac{50 + 65 + 85}{3} \approx 67$，故此時

$$Q^* = \sqrt{\frac{2 \times 67 \times \$20}{1\% \times \$50}} = 73$$

因為 73 較靠近 50（和 50 及 115 相比），故第三週生產 50。

而第四週至第五週之週平均需求量現在為 $\frac{65 + 85}{2} = 75$，故此時

$$Q^* = \sqrt{\frac{2 \times 75 \times \$20}{1\% \times \$50}} = 77$$

和 65 及 150 相比，77 較靠近 65，故第四週生產 65，而第 5 週生產 85。結果為：

	需求量	生產量	存貨	倉儲成本	訂購成本	總成本
第一週	40	67	27	$13.5	$20	$33.5
第二週	27	0	0	0	0	0
第三週	50	50	0	0	$20	$20
第四週	65	65	0	0	$20	$20
第五週	85	85	0	0	$20	$20
						$93.5

(b)在第三週時，突然有一批緊急訂貨，須在該週出貨時，則針對第三、四、五週已知之需求量，再加上第三週之緊急需求量，重新編製一個需求表格。仿造(a)小題之計算方式，重新計算經濟生產量即可。

第四章　等候模式

1. 等候系統由那些部分所構成?

   解：等候系統主要由三個部分所構成，分別說明如下：

   ⑴到達：此部分又包含三個項目，即

   　　a.到達母體。

   　　b.到達型態。

   　　c.到達者的等候行為。

   ⑵等候線：本部分須考慮兩個因素，即

   　　a.服務優先順序，如FIFO法、優先FIFO法、LIFO法等。

   　　b.是否有容量限制。

   ⑶服務：本部分須考慮兩個因素，即

   　　a.服務系統結構：主要由服務線及服務站所構成。

   　　b.服務時間型態：指對每個顧客的服務時間是固定的或是隨機
   　　　的。

2. 等候系統的到達型態及服務型態,一般作何假設? 須滿足何種機率分配?

   解：一般而言，到達型態及服務型態可分為兩種，一為固定的次數／時
   間，另一則為隨機的。而在隨機的型態中，我們作了兩個假設：

   ⑴每個到達者（服務時間）彼此之間互相獨立，不互相影響。

   ⑵單位時間內的到達（服務）次數符合波氏分配，或是兩次到達之
   　間的時間（服務時間）滿足指數分配。

   　　由於上述之第⑵項假設，故在問題分析前，應確定其到達（服

務）型態是否滿足波氏分配或是指數分配。

3. 敍述等候系統的種類。請以圖例說明之。

解: 一般而言，等候系統有以下五種:

(1)單線單站排隊系統。

(2)單線多站排隊系統。

(3)多線單站排隊系統。

(4)多線多站排隊系統。

(5)多等候線多線單站排隊系統。

如下圖所示:

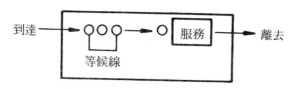

(1)單線單站排隊系統

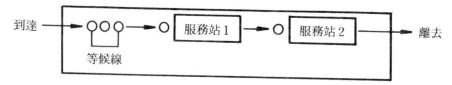

(2)單線多站（兩站）排隊系統

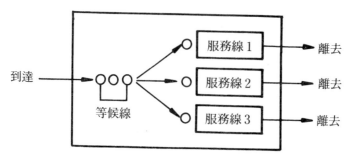

(3)多線（三線）單站排隊系統

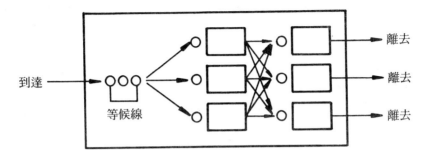

(4)多線（三線）多站（兩站）排隊系統

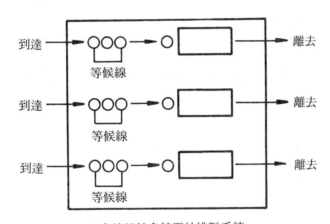

(5)多等候線多線單站排隊系統

4. 何謂M/M/1、M/M/m及M/D/1模式?

　　解：(1)M/M/1模式：

　　　　到達之機率分配為波氏分配，服務時間之分配為指數分配，單一
　　　　服務線之系統。

　　　　(2)M/M/m模式：

　　　　到達之機率分配為波氏分配,服務時間之分配為指數分配,m條服
　　　　務線之系統。

　　　　(3)M/D/1模式：

到達之機率分配為波氏分配，服務時間為固定常數，單一服務線之系統。

5. M/M/1 等候系統有那些假設？為何其服務率必須大於到達率？

　　解：⑴M/M/1 等候系統有下列七項假設：

　　　　a.到達者與到達者間是彼此獨立的，到達時間可能不一樣，但是平均到達率是固定的，不會隨著時間的不同而改變。

　　　　b.到達型態為波氏機率分配之型態，且投入母體為一很大的數。

　　　　c.所有的等候者不會中途離開。

　　　　d.服務的順序是先進先出原則。

　　　　e.每位顧客的服務時間是彼此獨立的，可能皆不相同，但是平均的服務時間是固定的，不會因為時間的不同而改變。

　　　　f.服務的型態為指數機率分配之型態。

　　　　g.$\mu > \lambda$，即平均服務率大於平均到達率。

　　⑵服務率必須大於到達率是必要的假設，因為如果到達率大於或等於服務率的話，等候者將愈來愈多，最後等候線上的人數會變成無限大，不合理。

6. 請說明先進先出與後進先出服務系統之不同。請舉例說明之。

　　解：先進先出乃指先到達者先享受服務，且先完成服務而離開，例如：超級市場的結帳櫃臺、高速公路的收費站等。而後進先出乃指後到達者先完成服務而離開等候系統，例如：擁擠的電梯、會議中的後提名先表決等。

7. 請舉例說明等候線有容量限制之等候系統。

　　解：等候線有容量限制的等候系統相當的多，例如：

　　　　(1)醫院限制每日的掛號人數。

　　　　(2)停車場之車位有限。

　　　　(3)餐廳內有限的餐桌數目或座位數目。

　　　　(4)電影院內有限的座位。

　　　　(5)兒童遊樂場的摩天輪、雲霄飛車等遊樂設施座位有限。

　　　　　　在上述例子中，若到達人數大於其等候限制，則皆無法提供服務。

8. 請以圖形畫出下列各等候系統的結構（請參考圖 4-3 至圖 4-7）。

　　(a)理髮店。

　　(b)超級市場結帳櫃臺。

　　(c)郵局郵票購買櫃臺。

　　(d)學校自助餐廳。

　　(e)洗車站。

　　解：(a)理髮店：多線單站排隊系統。

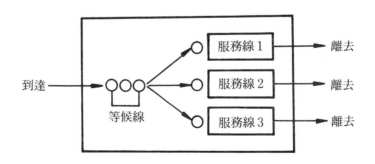

　　(b)超級市場結帳櫃臺：多等候線多線單站排隊系統。

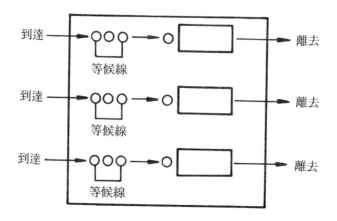

(c)郵局郵票購買櫃臺：單線單站排隊系統。

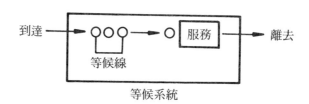

(d)學校自助餐廳：單線多站排隊系統。

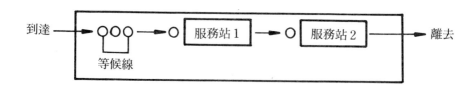

(e)洗車站：多線單站排隊系統。

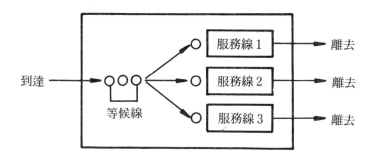

9. 在第 8 題之各等候系統中，那些系統集體到達之情形較多？如果以M/M/1 模式解之，須作那些假設？

　　解：集體到達之情形以學校自助餐廳較易發生。我們可將集體到達的型態假定爲很多個個別個體陸續到達，加入排隊，也就是說如果我們將到達時間之單位切割成很小的單位時，即可假設集體到達爲獨立到達者。再加上第五題中的各項假設，則可以M/M/1 模式解之。

10. 華中工專的自助餐廳採開放式選菜型態方式，在點完菜後，則形成一列等候隊伍等待結帳。假設學生的到達率爲每分鐘 5 人，結帳速度每位顧客需 10 秒。此外並假設到達情況爲波氏分配，結帳時間爲指數分配，請問

　　(a)無人在結帳之機率爲多少？

　　(b)有 2 人、3 人及 4 人在結帳之機率？

　　(c)平均每人需等多久，才可輪到結帳？

　　(d)平均有多少人在等著結帳？

　　(e)在櫃臺處，平均有多少人等在那裏？

　　(f)假設增加一櫃臺，而等候線的型態仍爲一條等候線。則上述(a)至(e)之答案會有何改變？

解：我們先以 M/M/1 模式解此題

(a) $\lambda = 5$ 人／分鐘， $\mu = 6$ 人／分鐘

$$\therefore P_0 = 1 - \rho = 1 - \frac{\lambda}{\mu} = 1 - \frac{5}{6} = \frac{1}{6} \fallingdotseq 0.167$$

故無人在結帳之機率為 0.167。

(b) $P_2 = \rho^2 \times (1 - \rho) = (\frac{5}{6})^2 \times (\frac{1}{6})$

$$= \frac{25}{216} \fallingdotseq 0.116$$

故 2 人在結帳之機率為 0.116。

$$P_3 = \rho^3 \times (1 - \rho) = (\frac{5}{6})^3 \times (\frac{1}{6}) = \frac{125}{1,296} \fallingdotseq 0.096$$

故 3 人在結帳之機率為 0.096。

$$P_4 = \rho^4 \times (1 - \rho) = (\frac{5}{6})^4 \times (\frac{1}{6}) = \frac{625}{7,776} \fallingdotseq 0.080$$

故 4 人在結帳之機率為 0.080。

(c) $W_q = \frac{\lambda}{\mu(\mu - \lambda)} = \frac{5}{6(6-5)} = \frac{5}{6}$ （分鐘）$= 50$ （秒）

故平均每人要等 50 秒才可輪到結帳。

(d) $L_q = \frac{\lambda^2}{\mu(\mu - \lambda)} = \frac{5^2}{6(6-5)} = \frac{25}{6}$ （人）

故平均有 $\frac{25}{6}$ 個人等候著結帳。

(e) $L = L_q + \frac{\lambda}{\mu} = \frac{25}{6} + \frac{5}{6} = 5$ （人）

故在櫃臺處，平均有 5 人在等。

(f) 若增加一個櫃臺，則變為 M/M/2 模式，其中 $\lambda = 5$， $\mu = 6$ 而 $m = 2$，此時 (a)～(e) 之答案改為：

$$(a) P_0 = \cfrac{1}{[\sum\limits_{n=0}^{n=m-1} \cfrac{1}{n!}(\cfrac{\lambda}{\mu})^n] + \cfrac{1}{m!}(\cfrac{\lambda}{\mu})^m \times \cfrac{m\mu}{m\mu-\lambda}}$$

$$= \cfrac{1}{[\sum\limits_{n=0}^{1} \cfrac{1}{n!}(\cfrac{5}{6})^n] + \cfrac{1}{2}(\cfrac{5}{6})^2 \times \cfrac{12}{12-5}}$$

$$= \cfrac{1}{1 + \cfrac{5}{6} + \cfrac{1}{2} \times \cfrac{25}{36} \times \cfrac{12}{7}}$$

$$= \cfrac{1}{\cfrac{102}{42}} = \cfrac{7}{17} = 0.412$$

故無人在結帳之機率爲 0.412。

$$(b) P_2 = \cfrac{(\cfrac{\lambda}{\mu})^n}{m! \times m^{(n-m)}} \times P_0 = \cfrac{(\cfrac{5}{6})^2}{2! \times 2^{(2-2)}} \times \cfrac{7}{17} = \cfrac{175}{1,224} \fallingdotseq 0.143$$

故有 2 人在結帳之機率爲 0.143。

$$P_3 = \cfrac{(\cfrac{5}{6})^3}{2! \times 2^{(3-2)}} \times \cfrac{7}{17} = \cfrac{875}{14,688} \fallingdotseq 0.060$$

故有 3 人在結帳之機率爲 0.060。

$$P_4 = \cfrac{(\cfrac{5}{6})^4}{2! \times 2^{(4-2)}} \times \cfrac{7}{17} = \cfrac{4,375}{17,6256} \fallingdotseq 0.025$$

故有 4 人在結帳之機率爲 0.025。

$$(c) W_q = \cfrac{L_q}{\lambda} = \cfrac{\lambda\mu(\cfrac{\lambda}{\mu})^m}{(m-1)!(m\mu-\lambda)^2} \times P_0 \times \cfrac{1}{\lambda}$$

$$= \cfrac{5 \times 6 \times (\cfrac{5}{6})^2}{(2-1)! \times (12-5)^2} \times \cfrac{7}{17} \times \cfrac{1}{5} = \cfrac{25}{714} = 0.035 \ (分鐘)$$

$$\fallingdotseq 2 \ 秒$$

故平均每人要等待 2 秒後才可結帳。

(d)$L_q = \dfrac{\lambda\mu(\frac{\lambda}{\mu})^m}{(m-1)!\,(m\mu-\lambda)^2} \times P_0 = \dfrac{5\times6\times(\frac{5}{6})^2}{(2-1)!\,(12-5)^2} \times \dfrac{7}{17} = \dfrac{125}{714}$

$\doteqdot 0.175$ （人）

故平均有 0.175 人在等著結帳。

(e)$L = L_q + \dfrac{\lambda}{\mu} = \dfrac{125}{714} + \dfrac{5}{6} = \dfrac{720}{714} \doteqdot 1.008$ （人）

故在櫃臺處，平均有 1.008 個人等在那裡。

11. 遠西百貨公司有郵購專線，有一位專人在負責填寫顧客的郵購單。當顧客打電話進來郵購時，如該郵購專線佔線，會有自動答錄機告知顧客稍等並播放音樂，以等候該專人接聽電話。所有等候訂購的電話，採取先到先服務的型態。假設每小時之郵購數為 15，且型態為波氏分配；而該專人填寫一份訂購單，平均需時 3 分鐘，並滿足指數分配。假設該專人每小時之工資為$150，顧客等候所引起的商譽損失為每小時$700（因為有些顧客可能會不耐等候，而切斷電話，或者以後即不再郵購該公司產品，使該公司之利潤受到損失），請問

(a)平均每通郵購電話需等多久，才可輪到它訂購？

(b)平均有多少通電話在等著郵購？

(c)假設遠西公司打算再添一位郵購專員，每小時工資亦是$150，你認為應該僱用嗎？為什麼？

解：我們以M/M/1 模式解題，且$\lambda = 15$，$\mu = 60 \div 3 = 20$

(a)$W_q = \dfrac{\lambda}{\mu(\mu-\lambda)} = \dfrac{15}{20\times5} = \dfrac{3}{20} = 0.15$ （小時）$= 9$ （分鐘）

故平均每通郵購電話要等 9 分鐘，才可輪到其訂購。

(b)$L_q = \dfrac{\lambda^2}{\mu(\mu-\lambda)} = \dfrac{15^2}{20\times 5} = \dfrac{225}{100} = 2.25$　（通）

(c)遠西公司的總成本＝僱員的工資＋顧客等候的商譽損失

　　　　　　　　＝僱員的工資＋每小時電話等候通數

　　　　　　　　　　×平均每通電話等候時間×每小時之商譽損

　　　　　　　失

當只僱用一人時：

每小時總成本＝$150+2.25\times 0.15\times 700$

　　　　　　　＝$150+236.25=386.25$

當僱用二個人時：

因服務線為 2 條，故用M/M/2 模式

$$\therefore P_0 = \dfrac{1}{\left[\sum\limits_{n=0}^{1}\dfrac{1}{n!}\left(\dfrac{15}{20}\right)^n\right] + \dfrac{1}{2!}\left(\dfrac{15}{20}\right)^2 \times \dfrac{40}{40-15}}$$

$$= \dfrac{1}{1+\dfrac{3}{4}+\dfrac{1}{2}\times\dfrac{9}{16}\times\dfrac{8}{5}}$$

$$= \dfrac{20}{44} \fallingdotseq 0.455$$

$$L_q = \dfrac{15\times 20\times\left(\dfrac{15}{20}\right)^2}{(40-15)^2}\times\dfrac{5}{11} = \dfrac{27}{100}\times\dfrac{5}{11} \fallingdotseq 0.123 \text{　（通）}$$

$$W_q = \dfrac{L_q}{\lambda} = \dfrac{0.123}{15} \fallingdotseq 0.008$$

$\therefore$ 總成本＝$150\times 2+0.123\times 0.008\times 700$

　　　　　＝$300+0.688=300.688$

$300.688 < \$386.25$

故應該僱用第二位郵購專員。

12. 下列表格，為濟世醫院門診部不同時段每小時之看病人數。該醫院採取先到先看之方式。假設到達率及服務率皆為波氏分配，而醫生看病的速度，一位病人平均需 10 分鐘。假設，該醫院欲使每位病人等候門診的時間不超過 6 分鐘，請問在各不同時段，該醫院應僱用多少醫生？

時　　　間	每小時看病人數（平均）
9:00 a.m.—12:00 a.m.	6 人
2:00 p.m.— 6:00 p.m.	3 人
7:00 p.m.—10:00 p.m.	10 人

解：本題為 M/M/m 模式，$\mu=6$ 人／每小時

(1)在第一階段 9:00 am—12:00 am

∵$\lambda=6$ 人每小時

∴$\rho=\dfrac{\lambda}{\mu}=1$

為了使 $W_q<6$ 分鐘 $=0.1$ 小時，

∴$\dfrac{L_q}{\lambda}=W_q<0.1$　∴$L_q<0.1\times6=0.6$

查表 4-1 知 $m=2$（∵此時 $L_q=0.333$），故本時段僱用 2 位醫生。

(2)在第二階段 2:00 pm—6:00 pm

∵$\lambda=3$ 人每小時

∴$\rho=\dfrac{3}{\mu}=0.5$

同理要符合 $L_q<0.1\times3=0.3$

查表 4-1 知 $m=2$（∵此時 $L_q=0.033$），故本時段僱用 2 位醫生。

(3)在第三階段 7:00 pm—10:00 pm

∵$\lambda=10$ 人每小時

$\dfrac{\lambda}{\mu}$ \ m值(即服務櫃臺數)	1	2	3	4	5
.10	.0111				
.15	.0264	.0008			
.20	.0500	.0020			
.25	.0833	.0039			
.30	.1285	.0069			
.35	.1884	.0110			
.40	.2666	.0166			
.45	.3681	.0239	.0019		
.50	.5000	.0333	.0030		
.55	.6722	.0449	.0043		
.60	.9000	.0593	.0061		
.65	1.2071	.0767	.0084		
.70	1.6333	.0976	.0112		
.75	2.2500	.1227	.0147		
.80	3.2000	.1523	.0189		
.85	4.8166	.1873	.0239	.0031	
.90	8.1000	.2285	.0300	.0041	
.95	18.0500	.2767	.0371	.0053	
1.0		.3333	.0454	.0067	
1.2		.6748	.0904	.0158	
1.4		1.3449	.1778	.0324	.0059
1.6		2.8444	.3128	.0604	.0121
1.8		7.6734	.5320	.1051	.0227
2.0			.8888	.1739	.0398
2.2			1.4907	.2770	.0659
2.4			2.1261	.4305	.1047
2.6			4.9322	.6581	.1609
2.8			12.2724	1.0000	.2411
3.0				1.5282	.3541
3.2				2.3856	.5128
3.4				3.9060	.7365
3.6				7.0893	1.0550
3.8				16.9366	1.5184
4.0					2.2164
4.2					3.3269
4.4					5.2675
4.6					9.2885
4.8					21.6384

表 4-1　各種 $\dfrac{\lambda}{\mu}$ 值及服務櫃臺數之 L_q 值

〔註：本表取自 Elwood S. Buffa 之 *Modern Production Management: Managing the Operations Function*, 5th edition, 1977。〕

$$\therefore \rho = \frac{10}{\mu} = \frac{10}{6} \fallingdotseq 1.67$$

同理要符合 $L_q < 0.1 \times 10 = 1$

查表 4-1 得知 m＝3(∵此時 L_q 介於 0.31 及 0.53 間)，故本時段僱用 3 位醫生。(註：1.67 介於表 4-1 中 1.6 及 1.8 間)

13. 某咖啡自動販賣機，製造一杯咖啡的速度固定為 15 秒。假設到該機器購買咖啡的人數平均每分鐘 3 人，且滿足波氏分配，請問

   (a)平均有多少人在排隊等著買咖啡（不包括正取用者）？

   (b)平均有多少人在該機器邊等著？

   (c)平均需等候多久，才能輪到取用咖啡？

   解： 本題為 M/D/1 模式。$\lambda = 3$ 人／每分鐘, $\mu = 60 \div 15 = 4$(人／每分鐘)

   (a)$L_q = \dfrac{\lambda^2}{2\mu(\mu - \lambda)} = \dfrac{9}{8 \times 1} = \dfrac{9}{8} = 1.125$ （人）

   故平均有 1.125 人在排隊等著買咖啡。

   (b)$L = L_q + \dfrac{\lambda}{\mu} = \dfrac{9}{8} + \dfrac{3}{4} = \dfrac{15}{8} = 1.875$ （人）

   故平均有 1.875 人在機器旁邊等著。

   (c)$W_q = \dfrac{\lambda}{2\mu(\mu - \lambda)} = \dfrac{3}{8} = 0.375$ （分鐘）＝22.5 （秒）

   故平均需等候 22.5 秒才會輪到取用咖啡。

第五章　線性規劃

1. 在例5-9之人事指派問題中，如將教學效果，改爲所需付給各個老師任教各課程之費用，則目標函數與限制式有無必要改變之？

　　解：在例5-9中，如將教學效果，改爲所需付給老師任教各課程的費用，則此時的目標函數所代表的，應爲該企管系之成本，故應求其最小值。此時目標函數應改爲：

$$\text{Minimize}: 6x_{1A} + 2x_{1B} + 8x_{1C} + 5x_{1D} + 9x_{2A} + 3x_{2B} + 5x_{2C} +$$
$$8x_{2D} + 4x_{3A} + 8x_{3B} + 3x_{3C} + 4x_{3D} + 6x_{4A} + 7x_{4B} +$$
$$6x_{4C} + 4x_{4D}$$

　　至於限制式方面，若所給予的條件不變，仍然是限制每位老師敎一科，每科一位老師敎，則限制式並無改變之必要。

2. 利用例5-10運輸問題之資料，回答下列問題：

　　(a)將例5-10寫成線性規劃模式。

　　(b)如果本題之產品在各批發站之售價如下，則你認爲本問題之目標函數與限制式，是否會改變，其改變爲如何？

工廠＼批發站	高雄	臺南	臺北
仁德	$110	$100	$130
嘉義	$110	$100	$130

　　解：(a)設x_{ij}表示由工廠i至批發站j之運送量，其中i＝1表仁德，i＝2表嘉義；j＝A表高雄，j＝B表臺南，j＝C表臺北。因此題爲求成

本最低，故其線性規劃模式爲目標函數：

Minimize：$35 x_{1A} + 30 x_{1B} + 90 x_{1C} + 55 x_{2A} + 45 x_{2B} + 70 x_{2C}$

限制式：

$x_{1A} + x_{1B} + x_{1C} = 3000$

$x_{2A} + x_{2B} + x_{2C} = 2000$

$x_{1A} + x_{2A} = 2000$

$x_{1B} + x_{2B} = 500$

$x_{1C} + x_{2C} = 2500$

$x_{ij} \geq 0,\ (i = 1,2;\ j = A,B,C)$

(b)在本題若考慮各批發站之售價，則我們最終要追求的，應該是利潤最大化，故其目標函數應作如下之更改：

$110 - 35 = 75,$

$100 - 30 = 70,$

$130 - 90 = 40,$

$110 - 55 = 55,$

$100 - 45 = 55,$

$130 - 70 = 60,$

$\therefore$ Maximize：$75 x_{1A} + 70 x_{1B} + 40 x_{1C} + 55 x_{2A} + 55 x_{2B} + 60 x_{2C}$

至於限制式方面，因需求與供給皆沒有改變，故限制式沒有改變之必要。

3. 所有的線性規劃問題，有那些共同點？

解：所有線性規劃的問題都有四個共同點：

(1)有目標函數(Objective Function)：

亦即問題之目的都在使某個數值爲最大(Maximize)或最小(Minimize)，如企業之目的爲利潤最大或者成本最小。

⑵有限制條件(Constraints)：

　　或者稱為限制式。例如產品製造不能超出原有材料數量，或者必

　　須滿足最低需求量。

⑶有不同的選擇方案(Alternative Action)：

　　若沒有替代方案，或是某一方案明顯的優於其他選擇時，就無使

　　用線性規劃模式之需要。

⑷目標函數與限制式皆為線性：

　　即二者皆需為一次方程式，如 $3x - 4y = 24$。

4.　欲以線性規劃模式解決問題時，在資料上，須有那些假設?

　解：線性規劃模式內資料必須滿足五項假設：

　　⑴確定性(Certainty)：

　　　目標函數與限制式內之數據，皆須假設為已知，且為確定，並且

　　　在該規劃期間內，這些資料不會改變。

　　⑵比例性(Proportionality)：

　　　問題有資源的使用及目標函數的設定上，須能假設具有比例性質。

　　⑶可加性(Additivity)：

　　　表示各項活動之間，彼此獨立，且總體活動為各項活動之和。

　　⑷可分割性(Divisibility)：

　　　亦即問題之解答，不必為整數，可以為小數。

　　⑸非負性(Nonnegativity)：

　　　問題的所有答案都必須大於或等於零，不可以為負數。

5.　請敍述線性規劃問題之規劃過程。

　解：線性規劃對問題之規劃過程有五：

　　⑴確定問題，蒐集與整理資料。

(2)決定決策變數。

(3)決定限制條件。

(4)決定目標函數。

(5)寫成線性規劃標準模式，以利電腦解決。

6. 線性規劃方法可應用於那些企業管理領域？

解：線性規劃方法在企業管理領域之應用大致說明如下：

(1)在行銷方面：可使用於媒體之選擇或者市場調查人數之決定等。

(2)在生產方面：生產是線性規劃模式使用最多的領域，例如產品組合與生產排程之決定等。

(3)在財務方面：主要應用在某些法律、政策或避險條件下，如何選擇投資工具，以獲取最高的報酬，例如：財務規劃問題，投資組合分析等。

(4)在人事問題方面：可應用於工作人數之規劃、人員指派問題等。

(5)在運輸問題方面：可應用於貨品之運輸，或車輛之分配等。

7. CHC公司必須儘快完成現行的辦公建築的翻新工作，本作業的第一部分工作包括有六項活動，其中有些活動須較其他工作先動工。作業項目、先前項目，及估計所需的時間列示在下表：

作業項目	先前項目	時間（天）
1.財務準備(A)	—	3
2.初步草圖(B)	—	2
3.擬定計劃書的綱要(C)	—	1
4.著手畫圖(D)	A	5
5.寫下詳細計劃書(E)	C和D	6
6.印製藍圖(F)	B	2

這些工作可使用網路列出其先後順序如下:

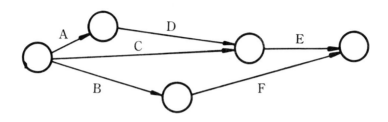

令x_i代表各作業完成的最早時間, i＝A、B、C、D、E、F, 試請將CHC
公司的問題以線性規劃方式來表達。

解: 設x_i代表各作業完成之最早時間, i＝A、B、C、D、E、F、G, 其
中作業G所需時間爲0, 且其先前的作業爲E、F。則其線性規劃模式
如下:

目標函數: 求整個工作之最早完成時間。

　　Minimize: x_G

限制條件

　　$x_A \geqq 3$

　　$x_B \geqq 2$

　　$x_C \geqq 1$

　　$x_D - x_A \geqq 5$　　(D作業須在A作業完成後, 至少再5天才能
　　　　　　　　　　　　完工)

　　$x_E - x_C \geqq 6$　　(E作業須在C作業完成後, 至少再6天才能
　　　　　　　　　　　　完工)

　　$x_E - x_D \geqq 6$　　(E作業須在D作業完成後, 至少再6天才能
　　　　　　　　　　　　完工)

　　$x_F - x_B \geqq 2$　　(F作業須在B作業完成後, 至少再2天才能
　　　　　　　　　　　　完工)

$$x_G - x_E \geqq 0 \qquad \text{(G作業須在E作業完成後才算完成)}$$

$$x_G - x_F \geqq 0 \qquad \text{(G作業須在F作業完成後才算完成)}$$

$$x_i \geqq 0, \quad i = A, B, C, D, E, F, G$$

8. Y.S餐廳採全天候營業, 其服務生和停車員分六個時段班工作, 每位每天上8小時班, 下表列出在六段期間內所需最少的工作人員數。請幫Y.S餐廳規劃每時段排班人員, 以求每天營業所需的員工為最少 (只列出線性規劃模式即可)。

期　間	時　　　段	所需的員工數
1	3 a.m. － 7 a.m.	3
2	7 a.m. －11 a.m.	12
3	11 a.m. － 3 p.m.	16
4	3 p.m. － 7 p.m.	9
5	7 p.m. －11 p.m.	11
6	11 p.m. － 3 a.m.	4

(提示: 可令x_i為工作人員在i時段開始上班的數目, 而i＝1,2,3,4,5,6)

解: 設x_i為在第 i 時段開始上班的工作人員人數, 而i＝1,2,3,4,5,6, 則其線性規劃模式為:

目標函數: 求每天營業所需的員工為最少。

$$\text{Minimize: } x_1 + x_2 + x_3 + x_4 + x_5 + x_6$$

限制條件: 要滿足每個時段之最低人數需求

$$x_1 + x_6 \geqq 3$$

$$x_1 + x_2 \geqq 12$$

$$x_2 + x_3 \geqq 16$$

$$x_3 + x_4 \geqq 9$$

$$x_4 + x_5 \geqq 11$$

$$x_5 + x_6 \geqq 14$$

$x_1, x_2, x_3, x_4, x_5, x_6 \geqq 0$

9. H&K經紀公司收到一位客戶匯來款項$250,000委託作投資規劃，這位客戶很信賴H&K經紀公司，但對資金的投資分配也有自己的看法。她授權給H&K經紀公司在下列要求下，可以自行選擇認爲值得投資的股票和債券：

⑴市府公債至少佔20%。

⑵至少有40%投資於電子、航空、藥物製造業。

⑶可以將不超過市府公債投資額的50%的額度投資於高風險高報酬的私人病院。

除上述限制條件外，此位客戶的目標旨在求取投資報酬的最大化。H&K公司了解此位客戶的要求後，據以分析並列出符合條件的股票和債券及其對應的報酬率如下：

投　　　　資	計劃的投資報酬率(%)
市府公債	5.3
湯普生電子公司	6.8
聯合航空公司	4.9
帕瑪製藥公司	8.4
快樂療養院	11.8

⑷將上述投資組合以線性規劃式表示。

⑸求出最佳解（使用電腦套裝軟體）。

解：⑷設x_1：投資於市府公債之金額

　　　　x_2：投資於電子公司之金額

　　　　x_3：投資於航空公司之金額

　　　　x_4：投資於製藥公司之金額

　　　　x_5：投資於療養院之金額

則此線性規劃模式爲:

目標函數: 求取投資報酬率最大

$$\text{Maximize: } 0.053 x_1 + 0.068 x_2 + 0.049 x_3 + 0.084 x_4 + 0.118 x_5$$

限制條件:

$x_1 \geqq \$50,000$ (市府公債至少佔 20%,$\$250,000 \times 20\%$ $=\$50,000$)

$x_2 + x_3 + x_4 \geqq \$100,000$ (至少有 40%投資於電子、航空、藥物製造業, $\$250,000 \times 40\%$ $=\$100,000$)

$2 x_5 - x_1 \leqq \$0$ (投資於高風險高報酬的私人病院金額, 不可超過市府公債的一半)

$x_1 + x_2 + x_3 + x_4 + x_5 = \$250,000$ (全部可投資金額)

$x_2, x_3, x_4, x_5 \geqq 0$

(b)經由電腦求解得:

投資於市府公債$x_1 = \$50,000$

投資於電子公司$x_2 = \$0$

投資於航空公司$x_3 = \$0$

投資於製藥公司$x_4 = \$175,000$

投資於療養院$x_5 = \$25,000$

此時, 每年可獲得報酬$\$20,300$

10. 南方能源單位宣布 8 月 1 日欲開放第二部核能處理機, 因此人事部門須決定究需雇用多少個技工, 而且安排訓練計劃。該廠現今雇用 350 人係皆已接受完整訓練的技術員。相關計劃所需的技術人員工時資料如下:

月　份	技術員需要(小時)
8 月	40,000
9 月	45,000
10 月	35,000
11 月	50,000
12 月	45,000

　　法律規定，每位原子爐的工人每月工作不得超過 130 小時。南方能源廠亦指出絕不臨時任意解雇員工，因此即使所訓練出的人員多於所需員工，仍須全額支付薪資，不論其是否每月工作滿 130 小時。此外，新技術員的訓練工作是重要且所耗不貲的程序。在每位工人能獨立操作原子爐前，須先進行一對一的指導。因此能源廠須在需要員工之前一個月，雇用新進人員，亦即每位新進人員需受訓一個月，接受一位已受過技術訓練的技術員指導。故而每位舊技術員在訓練新進人員時，當月僅有 90 小時能從事原子爐的操作工作，剩下的 40 小時則用於訓練工作。人事部門的報告中指出人員流失率約每月 5%。受過訓練的技術員每月可支領 $30,000，新進人員則在受訓期間支領 $15,000。

(a) 應用線性規劃法處理上述問題（在成本最少的目標下）。

(b) 每月初究需招訓多少個新進人員？（使用電腦計算）。

解：(a) 設 x_i 表示第 i 月開始時，該單位可以運用之已受過訓練技術員的人數，i＝1,2,3,4,5。y_i 表示第 i 月開始時，該單位之新進人員人數，i＝1,2,3,4,5。

目標函數：求成本最少

$$\text{Minimize: } 30,000\,x_1 + 30,000\,x_2 + 30,000\,x_3 + 30,000\,x_4 + 30,000\,x_5 + 15,000\,y_1 + 15,000\,y_2 + 15,000\,y_3 + 15,000\,y_4 + 15,000\,y_5$$

限制條件:

$$130\,x_1 - 90\,y_1 \geqq 40{,}000 \quad (8 月之需求時數)$$

$$130\,x_2 - 90\,y_2 \geqq 45{,}000 \quad (9 月之需求時數)$$

$$130\,x_3 - 90\,y_3 \geqq 35{,}000 \quad (10 月之需求時數)$$

$$130\,x_4 - 90\,y_4 \geqq 50{,}000 \quad (11 月之需求時數)$$

$$130\,x_5 - 90\,y_5 \geqq 45{,}000 \quad (12 月之需求時數)$$

$$x_1 = 350 \quad (8 月剛開始之技術員人數)$$

$$x_2 = x_1 + y_1 - 0.05\,x_1 \quad (9 月 1 日之人數)$$

$$x_3 = x_2 + y_2 - 0.05\,x_2 \quad (10 月 1 日之人數)$$

$$x_4 = x_3 + y_3 - 0.05\,x_3 \quad (11 月 1 日之人數)$$

$$x_5 = x_4 + y_4 - 0.05\,x_4 \quad (12 月 1 日之人數)$$

$$x_i, y_i \geqq 0, \quad i = 1,2,3,4,5$$

(b)經由電腦計算後之結果如下表所示:

(單位：人)

月份	舊技術人員數	新進人員人數
8 月	350	13.7(可僱用 14 人)
9 月	346.2	0
10 月	328.8	72.2(可僱用 72 人)
11 月	384.6	0
12 月	366.4	0

而總共要付出薪水$54,568,500。

11. MCA是微電腦通訊設備的製造廠。MCA集中全力於製造A、B二種機種配件，並且在龐大的微電腦業中已能佔一席之地，今年9月A型機種MCA出售 9,000 臺，而B型機種出售 10,400 臺。9 月的損益表列於下。此外，9 月份使用了 5,000 個工時於製造該 9,000 臺A型機種，10,400 個

工時於製造該 10,400 臺B型機種。10月份的總工作時間估計和9月份相同，而這些總工作時間在A及B型機種之製造上，並無特別限制，可任意分配到A或B型機種。另外一點很重要的是，在10月份，B型機種所須必備的數學處理器，供應商只能供應 8,000 臺。

MCA損益表（9月）		
	A產品	B產品
銷貨收入	$450,000	$640,000
減　折扣	$10,000	$15,000
退回	$12,000	$9,500
擔保退換	$4,000	$2,500
淨收入	$424,000	$613,000
銷貨成本		
直接人工成本	$60,000	$76,800
間接人工成本	$9,000	$11,520
原料成本	$90,000	$128,000
折舊	$40,000	$50,800
銷貨成本	$199,000	$267,120
毛利	$225,000	$345,880
管銷費用		
一般費用——變動	$30,000	$35,000
一般費用——固定	$36,000	$40,000
廣告	$28,000	$25,000
銷售佣金	$31,000	$60,000
總營業成本	$125,000	$160,000
稅前淨利	$100,000	$185,880
所得稅(25%)	$25,000	$46,470
淨利	$75,000	$139,410

　　今MCA欲規劃10月份此二種機件之生產。假設所有產品皆可出售，應如何規劃以使公司利潤能極大化。應用上述資料，將MCA的問題以線性規劃模式表示。（提示：折舊、固定費用及廣告費不能算9月份的真正支出）

解：設 10 月份生產A機種x_A台，生產B機種x_B台。由於折舊、固定費用、廣告費不能算 9 月份的真正支出，故在線性規劃模式中之目標函數係數應為稅前淨利與上述三項費用之和。

$$x_A：\$100,000+\$40,000+\$36,000+\$28,000=\$204,000$$

$$x_B：\$185,000+\$50,800+\$40,000+\$25,000=\$300,800$$

故本題之線性規劃模式為：

目標函數：求利潤之極大

Maximize: $204,000\ x_A+300,800\ x_B$

限制條件：

$$\frac{5,000}{9,000}x_A+\frac{10,400}{10,400}x_B\leq5,000+10,400\quad（工時之限制）$$

即 $\frac{5}{9}x_A+x_B\leq15,400$

$x_B\leq8,000$　　　（數學處理器之限制）

$x_A,x_B\geq0$

12. 臺南市一所大的私人病院，擁有 600 床位而且有齊備的醫務室、手術房和X光照射器材。為求提高收入，這家醫院的管理者決定將員工停車場用來增建 90 個床位。現在的問題是如何將 90 個床位分配給內科及外科使用。

　　醫院記載帳務部門提供下列有關資訊：

(1)內科病人平均住院 8 天。醫院的收入平均為\$2,280。

　外科病人平均住院 5 天。醫院的收入平均為\$1,515。

(2)醫務室每年可再多處理 15,000 次的檢驗，遠超過現今所須處理者，內科病人平均需要 3.1 次的檢驗，而外科病人需 2.6 次，另外內科病人平均需要 1 次X光照射。而外科病人需 2 次。

⑶在不增成本的情況下，X光放射部門可再多處理 7,000 次，故即使再增
　加 90 個床位，該醫院也不打算增加X光放射線之照射次數。

⑷最後管理部門估計手術室尚可再增加處理 2,800 次的手術。當然內科
　病人無須接受手術處理，而外科病人通常平均有一次手術處理。

試將上述決定如何配置內科與外科病床的問題列式處理，以求收入最大
化（假設病院每年營業 365 天）（提示：床的分配應滿足 $8x_1+5x_2\leq32$,
850，其中 $32,850=365\times90$，是 90 個病床總共使用天數）。

解：設 x_1 為每年可再增加之內科病人應診次數

　　　x_2 為每年可再增加之外科病人應診次數

　　目標函數：收入最大化

　　Maximize: $2,280x_1+1,515x_2$

　　限制條件：

$$8x_1+5x_2\leq32,850 \quad（一年中可使用新牀\times天數,$$
$$365\times90=32,850）$$

$$3.1x_1+2.6x_2\leq15,000 \quad（檢驗次數限制）$$

$$x_1+2x_2\leq7,000 \quad（X光照射次數限制）$$

$$x_2\leq2,800 \quad（外科手術限制）$$

$$x_1,x_2\geq0$$

　　本題經由電腦解題以後得：

　　　$x_1=2,791$

　　　$x_2=2,105$

　　　總收入＝\$9,551,659

　　若將 x_1,x_2 換算成內、外科病牀數，則

　　內科：$\dfrac{2,791\times8}{365}=61.17$

外科: $\dfrac{2,105 \times 5}{365} = 28.83$

取內科 61 牀, 外科 29 牀。

13. Q.E公司製造下列六種微電腦的週邊設備: 內部的Modem, 外部的 Modem, 電路板, 軟碟, 硬碟, 記憶板。以下是每一種產品在三種不同 的測試設備下所需的時間 (以臺為單位):

	內部Modem	外部Modem	電路板	軟碟	硬碟	記憶板
測試設備#1	7	3	12	6	18	17
測試設備#2	2	5	3	2	15	17
測試設備#3	5	1	3	2	9	2

前二種測試設備每週可使用時間為每週 120 小時, 而第三種則只有 每週 100 小時。市場對此六種產品的需求量大, 故而只要能生產出來皆 可賣得完。下列彙總其收入和成本資料。

設 備	每單位的收入	每單位材料成本
內部Modem	$200	$35
外部Modem	$120	$25
電路板	$180	$40
軟碟	$130	$45
硬碟	$430	$170
記憶板	$260	$60

此外, 測試設備#1 需$15 的變動成本／小時, #2$12 元／小時, #3$18 元／小時, Q.E公司目標乃在求利潤的極大化。

(a)將上述問題列成線性規劃的模式。

(b)試以電腦來計算出最佳產品組合的結果。

解：⒜設x_1：生產內部Modem之數目

x_2：生產外部Modem之數目

x_3：生產電路板之數目

x_4：生產軟碟之數目

x_5：生產硬碟之數目

x_6：生產記憶板之數目

∵總利潤＝總收入－材料成本－測試成本

測試設備 1 所用之時數

$$= \frac{7x_1 + 3x_2 + 12x_3 + 6x_4 + 18x_5 + 17x_6}{60}$$

測試設備 2 所用之時數

$$= \frac{2x_1 + 5x_2 + 3x_3 + 2x_4 + 15x_5 + 17x_6}{60}$$

測試設備 3 所用之時數

$$= \frac{5x_1 + x_2 + 3x_3 + 2x_4 + 9x_5 + 2x_6}{60}$$

目標函數：利潤最大化

∴Maximize：$200x_1 + 120x_2 + 180x_3 + 130x_4 + 430x_5 + 260x_6$

$$-35x_1 - 25x_2 - 40x_3 - 45x_4 - 170x_5 - 60x_6$$

$$-15 \times \frac{7x_1 + 3x_2 + 12x_3 + 6x_4 + 18x_5 + 17x_6}{60}$$

$$-12 \times \frac{2x_1 + 5x_2 + 3x_3 + 2x_4 + 15x_5 + 17x_6}{60}$$

$$-18 \times \frac{5x_1 + x_2 + 3x_3 + 2x_4 + 9x_5 + 2x_6}{60}$$

經計算化簡得

Maximize：$161.35x_1 + 92.95x_2 + 135.50x_3 + 82.50x_4 +$

$$249.80x_5 + 191.75x_6$$

限制條件

$$\frac{7\,x_1+3\,x_2+12\,x_3+6\,x_4+18\,x_5+17\,x_6}{60} \leqq 120$$

$$\frac{2\,x_1+5\,x_2+\,3\,x_3+2\,x_4+15\,x_5+17\,x_6}{60} \leqq 120$$

$$\frac{5\,x_1+\,\,x_2+\,3\,x_3+2\,x_4+\,9\,x_5+\,2\,x_6}{60} \leqq 100$$

(b)本題經電腦計算可得

$$x_1 = 496.55$$

$$x_2 = 1,241.38$$

$$x_3 = x_4 = x_5 = x_6 = 0$$

故只生產內部Modem 496.55 臺與外部Modem 1,241.38 臺。而總利潤為$195,504.80。

第六章　線性規劃圖解法

1. 以圖解法解決線性規劃之極大及極小兩種問題時，有何異同之處？

   解：當決策變數只有兩個時，以圖解法解決線性規劃之極大與極小之問題時，其相同點為皆是藉由在座標平面上畫出每一個限制式所代表之直線，從而發展出可行解之區域；且皆可以角點法(Coner Point Method)求出最佳解。然而等利潤線法(Iso-profit Line Method)之解法是用於求極大之問題，等成本線法(Iso-cost Line Method)是用於求解極小問題；但是此兩者之觀念是相同的。

2. 在什麼情況下，一個線性規劃問題會有多個（但有限）最佳解？無可行解？最佳解為無界？有多餘條件？請舉例以圖形說明之。在實際的應用上，上列各種情況發生的原因為何？可不可能發生？

   解：(1)有多個最佳解：

   　　線性規劃模式如下：

   　　Max：$4x_1 + 8x_2$

   　　　s.t.：$4x_1 + 2x_2 \leqq 20$

   　　　　　　$3x_1 + 6x_2 \leqq 24$

   　　　　　．$x_1, x_2 \geqq 0$

   　　最佳解區域：

   　　在 $3x_1 + 6x_2 = 24$ 直線上，介於$(0, 4)$及$(4, 2)$間之線段

   　　在實務上、很多問題有多重最佳解之情形發生，這是正常的，而且可使管理者在決策時有更大的資源組合彈性。在數學或電腦運

算上，亦不會引起麻煩，可由結果看出具有多個最佳解，而且亦不違背角點法原則，因為此重合線段上之兩個角點均是最佳解。

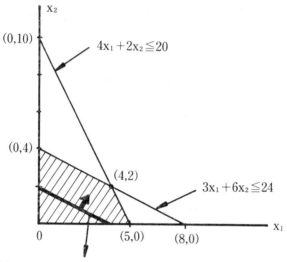

等利潤線往右上方平移時，因為其斜率與限制式：$3x_1 + 6x_2 = 24$ 相同，所以會與可行解邊界相交重合，而形成多個最佳解。

(2)無可行解：

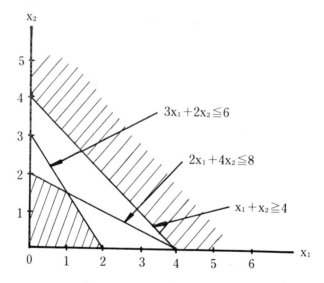

線性規劃模式之限制式如下：

$$\begin{cases} 3\,x_1 + 2\,x_2 \leqq 6 \\ 2\,x_1 + 4\,x_2 \leqq 8 \\ \quad x_1 + \quad x_2 \geqq 4 \end{cases}$$

由於限制式所形成之可行解區域，並無法形成共同之交集，所以無可行解，即無法找到任何答案可以滿足所有的限制式。

在實務上，這通常表示資料錯誤、資源不夠、需求過多或規劃錯誤等。若以電腦解題，電腦會給予無解之訊息。

(3)最佳解為無界：

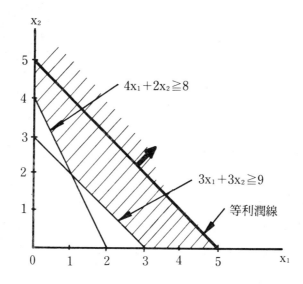

線性規劃模式如下：

Max： $x_1 + \quad x_2$

  s.t.： $3\,x_1 + 3\,x_2 \geqq 9$

        $4\,x_1 + 2\,x_2 \geqq 8$

        $x_1, x_2 \geqq 0$

由限制式所圍成之可行解區域，其右上方為無界。當等利潤線往

右上方平移時，無法離開可行解區域。所以此模式之最佳解爲無界。

在實務上，不可能有利潤爲∞或者成本爲-∞之情況。一般而言，發生無界之原因，通常是人爲錯誤，例如資料或規劃上之錯誤，則規劃人員須重新更正問題，再計算之即可。

⑷有多餘條件：

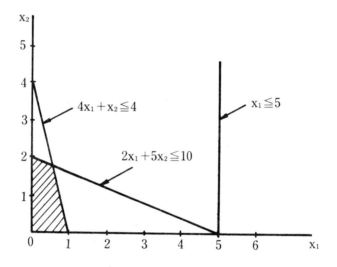

線性規劃模式如下：

Max： $x_1 + x_2$

s.t.： $4x_1 + x_2 \leqq 4$

$\qquad 2x_1 + 5x_2 \leqq 10$

$\qquad x_1 \leqq 5$

$\qquad x_1, x_2 \geqq 0$

多餘條件，意謂如果某個限制的去除，不會影響到問題之可行解範圍，則該條件稱爲多餘條件。

本模式之限制式： $x_1 \leqq 5$ 即爲多餘條件。

在實務上，多餘條件應該可能會產生，但是只要規劃人員能夠仔細過濾問題，應該可以剔除多餘條件。如此一來，在使用電腦運算時，可避免大型問題之運算時間之浪費，且可避免循環運算之問題。不過如果問題很複雜，剔除多餘條件並非易事時，則可以不必為之。

3. 敘述學習線性規劃圖解法之用處及其限制。

   解：(1)限制：

   　　當吾人使用線性規劃圖解法時，為了能在座標平面上正確表示出可行解區域，則決策變數只能限定在兩個，否則無法畫出線性規劃之模式。

   　　(2)用處：

   　　藉由圖解法，則吾人可以很快的在平面圖上找到答案，而且很容易了解。但是，實務上決策變數或許不只有兩個，則吾人可藉由二維平面之線性規劃模式的練習，進而更易體會較多變數之線性規劃模式；例如，由三個決策變數形成之線性規劃模式，其限制式在三維座標之形式應為一平面，而其可行解則為多面之立方體。

4. 請自行設計出一套限制式或不等式，以圖解法說明下列線性規劃問題：

   (a)無界的問題。

   (b)無可行解的問題。

   (c)有過多限制式的問題。

   解：(a)

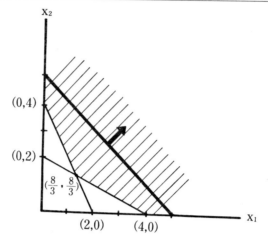

Max： $x_1 + x_2$

s.t.： $2x_1 + x_2 \geqq 4$

$x_1 + 2x_2 \geqq 4$

$x_1, x_2 \geqq 0$

∵限制式所形成之可行解區域爲右上方無界限，而目標函數又是求極大。

∴無界。

(b)

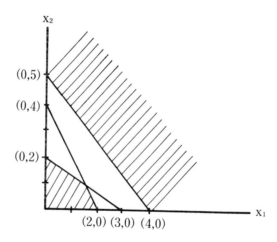

Max： $x_1 + x_2$

s.t.： $5 x_1 + 4 x_2 \geqq 20$

　　　 $2 x_1 + 3 x_2 \leqq 6$

　　　 $2 x_1 + x_2 \leqq 4$

　　　 $x_1, x_2 \geqq 0$

∵ 由限制式所形成之可行解爲空集合。

∴ 無可行解。

(c)

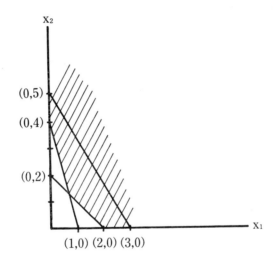

Min： $x_1 + x_2$

s.t.： $5 x_1 + 3 x_2 \geqq 15$

　　　 $4 x_1 + x_2 \geqq 4$

　　　 $x_1 + x_2 \geqq 2$

　　　 $x_1, x_2 \geqq 0$

∵ 由限制式 $\begin{cases} 4 x_1 + x_2 \geqq 4 \text{ 所形成} \\ x_1 + x_2 \geqq 2 \end{cases}$

　之可行解區域，並不會因爲另一個限制式： $5 x_1 + 3 x_2 \geqq 15$ 之

加入而造成可行解區域之改變。

∴ $5x_1 + 3x_2 \geq 15$ 是多餘的限制式。

5. 某家大製造公司的生產部經理說:「我願意應用線性規劃法。但它是一種在確定狀況下方能操作的技術，我們的工廠沒有那些確定的資料，所有資料係處在不確定的狀況下，因此線性規劃法在此無法使用。」

   試評論上面敍述的眞僞，並說明爲何這位經理如此說。

   解: 這位生產部經理之所以會如此說，乃因其不瞭解線性規劃敏感度分析的功用，因此我們可說他對線性規劃仍是一知半解。線性規劃模式假設所有關於需求、供給、物料、成本及資源的資料，均爲確定且在一段時間內爲固定、可分析的。如果這位生產部經理在非常不穩定的環境下執行線性規劃模式 (例如: 原料之價格及可利用性每天改變，甚至每個小時服均在改變)，則線性規劃之結果必定非常敏感及易變，而令人難以信賴。此時，敏感度分析或許可以用來決定此線性規劃模式是否在決策制定上是個適當的輔助工具。

6. 東方商業學院的教務長必須規劃秋季學期的課程。在這學期學生的需求爲: 至少30門大學生課程和20門研究生課程。院會規定至少總共要60門課。大學生的每一門課的教務成本平均爲\$2,500，而研究生課程每門至少\$3,000，試問在秋季學期中究竟需有多少門大學生課程，多少研究生的課程，方能使全院的薪資支出爲最少?

   (a)以等目標線法解之。

   (b)以角點法解之。

   解: 令 x_1 = 本學期大學生課程之開課數

   x_2 = 本學期研究生課程之開課數

   線性規劃模式如下:

Min：$2,500 x_1 + $3,000 x_2（教務成本支出）

s.t.：x_1 ≧ 30（大學生課程之最低限制）

　　　x_2 ≧ 20（研究生課程之最低限制）

　　　x_1 + x_2 ≧ 60（總課程數之最低限制）

　　　x_1, x_2 ≧ 0

圖解法如下：

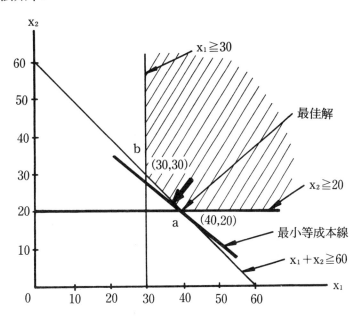

(a)以等目標線法（等成本線）分析之：

∵等成本線之斜率為 $-\dfrac{5}{6}$

當它由右上方向左下方平移，則最後平移離開可行解區域所接

觸之角點，即為最佳解。

∴ a點(x_1, x_2) = (40, 20)即為最佳解。

最小教務成本支出 = $2,500 × 40 + $3,000 × 20

　　　　　　　　 = $160,000

(b)以角點法分析之：

$\qquad$ a點$(x_1, x_2) = (40, 20)$

$\qquad\qquad$ 教務成本支出$= \$2,500 \times 40 + \$3,000 \times 20$

$\qquad\qquad\qquad\qquad = \$160,000$

$\qquad$ b點$(x_1, x_2) = (30, 30)$

$\qquad\qquad$ 教務成本支出$= \$2,500 \times 30 + \$3,000 \times 30$

$\qquad\qquad\qquad\qquad = \$165,000$

$\qquad \therefore$ a點為最佳解

$$\begin{cases} \text{大學生課程 40 門} \\ \text{研究生課程 20 門} \\ \text{教務成本支出} = \$160,000 \end{cases}$$

7. MSA電腦製造商有兩種機種的迷你電腦A4與B5。公司雇用5位技術人員，每人每月組合線的工作160小時，管理人員要求在下個月的工作中，每位工作者必須充分工作(亦即工作160小時)。每一個A4電腦需要20個工時，而每一個B5電腦需25個工時。MSA要求在本生產期間至少須生產10臺A4和15臺B5。A4每臺有\$1,200利潤；B5每臺有\$1,800的利潤。試問在下月欲有最大利潤時，A4,B5各需生產幾臺？以圖解法求解。

解：令$x_1 = $A4電腦在下月之生產數量

$\qquad x_2 = $B5電腦在下月之生產數量

$\quad$線性規劃模式如下：

$\qquad\qquad$ Max: $\$1,200\, x_1 + \$1,800\, x_2$ （利潤極大）

$\qquad\qquad$ s.t.: $\quad 20\, x_1 + 25\, x_2 = 800$ （工時限制）

$\qquad\qquad\qquad\qquad x_1 \geqq 10$ （A4電腦之基本生產數量）

$\qquad\qquad\qquad\qquad x_2 \geqq 15$ （B5電腦之基本生產數量）

圖解法如下:

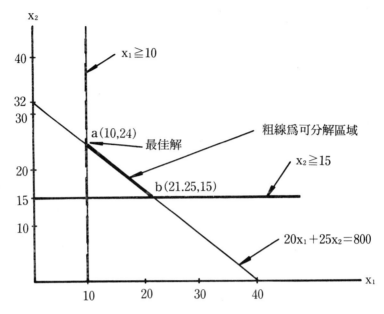

以角點法分析之:

a點: $(x_1, x_2) = (10, 24)$

　　利潤 $= \$55,200$

b點: $(x_1, x_2) = (21.25, 15)$

　　利潤 $= \$52,500$

∴最佳解為a點

$\begin{cases} A4 電腦生產 10 台 \\ B5 電腦生產 24 台 \\ 最大利潤為\$55,200 \end{cases}$

8.　使用圖解法來解決下列線性規劃問題:

利潤極大: $\$4 \, x_1 + \$4 \, x_2$

限制式:　　$3 \, x_1 + 5 \, x_2 \leqq 150$

$$x_1 - 2x_2 \leqq 10$$

$$5x_1 + 3x_2 \leqq 150$$

$$x_1,\ x_2 \geqq 0$$

解：圖解法如下：

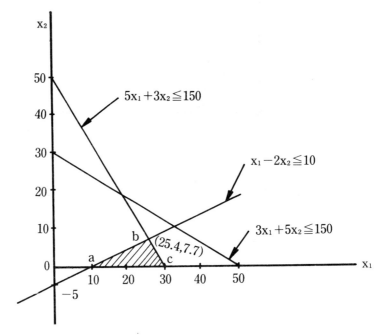

以角點法分析之：

點a：$(x_1, x_2) = (10,\ 0)$

　　　$4x_1 + 4x_2 = 40$

點b：$(x_1, x_2) = (25.4,\ 7.7)$

　　　$4x_1 + 4x_2 = 132.4$

點c：$(x_1, x_2) = (30,\ 0)$

　　　$4x_1 + 4x_2 = 120$

∴最佳解爲點b

　利潤最大爲$132.4

9.　考慮下列問題:

極小化成本: $\$1 x_1 + \$2 x_2$

限制式:　　　　$x_1 + 3 x_2 \geqq 90$

　　　　　　$8 x_1 + 2 x_2 \geqq 160$

　　　　　　$3 x_1 + 2 x_2 \geqq 120$

　　　　　　　　$x_2 \leqq 70$

以圖來說明可行解區，並應用等成本線程序來指出那一個角點(Corner Point)為最佳解。此時此最佳解的成本是多少?

解: 圖解法如下:

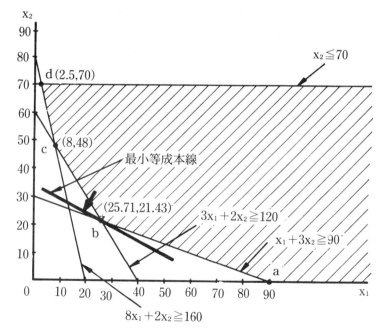

以等成本線方法分析之:

∵等成本線之斜率為$-\dfrac{1}{2}$

由右上方向左下方平移，則最後平移離開可行解區域所接觸之角

點，即為最佳解。

∴b點$(x_1, x_2) = (25.71, 21.43)$即為最佳解。

其最小成本為$\$25.71 + \$2 \times 21.43 = \$68.57$

10. B.L.W.股票經紀公司已分析並建議某投資社成員投資二種股票。這些人士所考量的股票短期成長、中期成長及股利率，相關資料如下：

考量因素　　　　　　　股票	A	B
每塊錢投資之短期成長潛力	$36	$24
每塊錢投資之中期成長潛力 (中期指三年以上)	$1.67	$1.50
股利率	4%	8%

投資社的每位成員的投資目標為：

⑴短期至少有$720 的升值。

⑵三年後至少有$5,000 的升值。

⑶每年股息收入至少$200。

為達上述目標，至少應投資多少金額才可達成？以圖解法求解。

解：令x_1＝投資在A股票之金額

　　　x_2＝投資在B股票之金額

　　線性規劃模式如下：

　　Min：$x_1 + x_2$ (總投資金額)

　　s.t.：$\$0.36 x_1 + \$0.24 x_2 \geq 720$ (短期有$720 之升值)

　　　　　$\$1.67 x_1 + \$1.50 x_2 \geq 5,000$ (三年後至少有$5,000 之升值)

　　　　　$0.04 x_1 + 0.08 x_2 \geq 200$ (每年股息收入至少$200)

　　　　　$x_1, x_2 \geq 0$

圖解法如下：

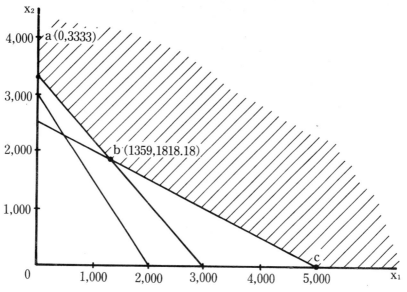

以角點法分析之：

　　a 點：$(x_1, x_2) = (0, 3,333)$

　　　　投資金額＝\$3,333

　　b 點：$(x_1, x_2) = (1,359, 1,818.18)$

　　　　投資金額＝\$3,179

　　c 點：$(x_1, x_2) = (5,000, 0)$

　　　　投資金額＝\$5,000

　　∴最佳解為b點

　　　┌(1)投資金額＝\$3,179

　　　│(2)短期升值＝\$927.27

　　　│(3)三年後升值＝\$5,000

　　　└(4)每年股息\$200

11. 廣告代理公司欲促銷新品牌的清潔劑，其促銷的目的為在\$100,000 的預算內，使最多人知道這一產品。為達此目的，代理公司須決定以下最有

效的二種媒體各應有多少預算，其分析結果，電視廣告與週日報的曝光率如下：

(1)中午時段的電視廣告；每次$3,000；每次有 35,000 人看到。

(2)週日報的刊登廣告；每則$1,250；每則有 20,000 人看到。

代理公司的主管根據她的經驗得知，欲使有最多的人知道此產品須同時兼採上述二種媒體。因此她決定電視廣告至少 5 次，最多不超過 25 次，而且報紙廣告至少 10 次。試問在預算內，二種媒體各須如何安排，方能使最多人知曉本產品，請應用圖解法求之。

解：令x_1＝電視廣告之數量

x_2＝週日報廣告之數量

圖解法如下：

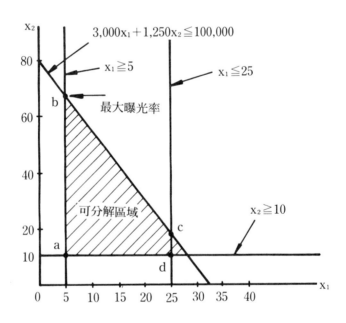

線性規劃模式如下：

曝光率Max：$35,000\ x_1 + 20,000\ x_2$

$$\text{s.t.：}\$3,000\,x_1+1,250\,x_2\leqq\$100,000\text{（廣告預算）}$$

$$x_1\geqq5\text{（電視廣告之最少次數限制）}$$

$$x_1\leqq25\text{（電視廣告之最多次數限制）}$$

$$x_2\geqq10\text{（週日報廣告之最少次數限制）}$$

以角點法分析之：

點 a：$(x_1,x_2)=(5,\ 10)$

曝光率 $=175,000+200,000=375,000$

點 b：$(x_1,x_2)=(5,\ 68)$

曝光率 $=175,000+1,360,000=1,535,000$

點 c：$(x_1,x_2)=(25,\ 20)$

曝光率 $=875,000+400,000=1,275,000$

點 d：$(x_1,x_2)=(25,\ 10)$

曝光率 $=875,000+200,000=1,075,000$

∴點b具有最大曝光率

⇒最佳解 $\begin{cases}\text{電視廣告 5 次}\\\text{週日報廣告 68 次}\end{cases}$

12. 考量下面四種線性規劃模式，採圖解法來決定。

(a)那一種模式有一個以上的最佳解？

(b)那一種模式為無界？

(c)那一個模式無可行解？

第一個模式

Maximize：$10\,x_1+10\,x_2$

s.t.：$2\,x_1\leqq10$

$2\,x_1+4\,x_2\leqq16$

第二個模式

Max：$3\,x_1+2\,x_2$

s.t.：$x_1+x_2\geqq5$

$x_1\geqq2$

$$4 x_2 \leqq 8 \qquad\qquad 2 x_2 \geqq 8$$
$$x_1, x_2 \geqq 0 \qquad\qquad x_1, x_2 \geqq 0$$

第三個模式 第四個模式

Max：$x_1 + 2 x_2$ Max：$3 x_1 + 3 x_2$

s.t.：$x_1 \leqq 1$ s.t.：$4 x_1 + 6 x_2 \leqq 48$

$2 x_2 \leqq 2$ $4 x_1 + 2 x_2 \leqq 12$

$x_1 + x_2 \leqq 2$ $x_1, x_2 \geqq 0$

$x_1, x_2 \geqq 0$

解：第一個模式：

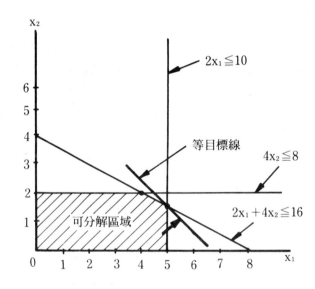

以等目標線法分析$\Rightarrow$可求出唯一最佳解

第二個模式：

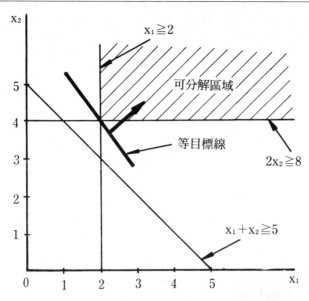

∵可行解之右上方為無界

當等目標線由左下方向右上方平移時，無法離開可行解區域。

∴本模式為無界。

第三個模式：

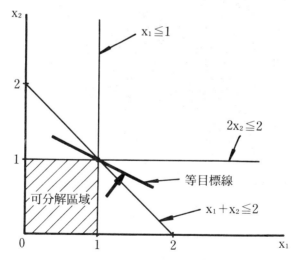

以等目標線分析之⇒可求得唯一之最佳解。

第四個模式：

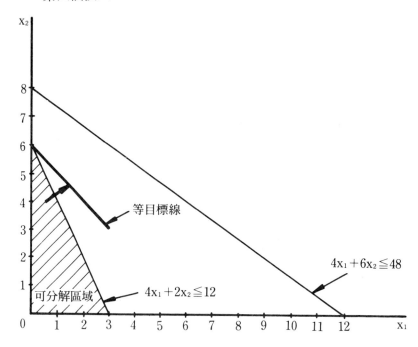

以等目標線法分析之⇒可求得唯一之最佳解

但此模式有多餘條件： $4x_1 + 6x_2 \leqq 48$

∴ ⎧ (a)並無任一個模式具有一個以上之最佳解。

⎨ (b)第二個模式為無界。

⎩ (c)並無任何一個模式是無可行解的。

13. 請以圖解法求第五章作業，第 11 題之解（MCA問題），並解釋其結果。

解：令$x_1 = $10 月份A產品之生產及銷售數量

$x_2 = $10 月份B產品之生產及銷售數量

	A產品		B產品	
	總　和	單　位	總　和	單　位
淨銷貨收入	$424,000	$47.11	$613,000	$58.94
變動成本				
直接人工成本	60,000	6.67	76,800	7.38
間接人工成本	9,000	1.00	11,520	1.11
原料成本	90,000	10.00	128,000	12.31
一般費用	30,000	3.33	35,000	3.37
銷售佣金	31,000	3.44	60,000	5.76
總變動成本	$220,000	$24.44	$311,320	$29.93
邊際收入	$204,000	$22.67	$301,680	$29.01

＊折舊、一般固定費用及廣告費不列入計算。

　製造每一產品所需之工時如下：

A產品：$\dfrac{5,000 \text{ 小時}}{9,000 \text{ 單位產品}} = 0.555$ 小時／單位產品

B產品：$\dfrac{10,400 \text{ 小時}}{10,400 \text{ 單位產品}} = 1.0$ 小時／單位產品

∴線性規劃模式如下：

　　利潤Max：$22.67 x_1 + $29.01 x_2

　　　　s.t.：　$0.555 x_1 + 1.0 x_2 \leq 15,400$（直接人工工時）

　　　　　　　　　　$x_2 \leq 8,000$（B產品供應商之產能限制）

　圖解法如下：

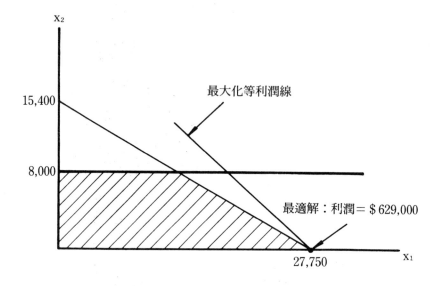

∴最適解建議MCA公司應全力生產及銷售A產品，而無須去生產B
產品。

第七章　單形法

1.　假設你已以12個決策變數和8個限制式來列線性規劃式，那麼此時會有多少個基本變數？基本變數和非基本變數間有何差異？

　　解：(1)此時會有8個基本變數。

　　　　(2)在解釋基本變數與非基本變數的差異時，我們將加入一些代數的觀念。

　　　　在代數中，若是一聯立方程式組的變數個數(n)，超過等方程式的數目(m)，則可能有很多解。若我們任意地給定其中的(n-m)個變數等於零，使得變數個數與方程式個數相等，此時若方程式不發生線性相依(Linear Dependence)，則所得m個未知數之m個線性方程式具有一組唯一的解，則此唯一的解稱爲基本解，而這m個變數（通常不爲0），我們就稱之爲基本變數(Basic Variable)，其餘的n-m個變數稱之爲非基本變數(Non-Basic Variable)，當然，非基本變數值會爲零。

2.　應用單純法求極大和極小問題二者間有何差別？

　　解：應用單形法求極大與極小問題時是很相似的，不過其中還是存在了一些差異。最主要的差別是在於兩者對於〝進入變數〞選擇標準的不同，極大問題（如最大利潤問題）通常是選擇c_j-z_j值爲正且最大者爲進入變數，而在極小問題（如最小成本問題）中，則是選擇c_j-z_j爲最小者，即負的最大者爲進入變數。其餘過程，如以最小比率檢定法選取離開變數，以及軸轉換等都是一樣的。

3. 在選擇主軸列(Pivot Row)時使用最小比率檢定，其理由何在？

   解： 最小比率檢定在選擇主軸列時是一項重要的應用，因為選擇主軸列
   即是選擇原在生產組合內，而現在欲被進入變數取代者，而該選擇
   那一個呢？即如何才能使利潤達到最大呢？最小比率檢定法所代表
   的就是「應該選取產額最先降為零者、離開生產組合」，因為資源有
   限，該產品只能生產到各項資源中，有一項用完為止，即選擇比率
   較小者，因若選取比率較大者，會使得某些變數為負。而當變數變
   為負時，在實務上這代表著資源不足，根本無法生產，是行不通的。

4. 若是最佳解中包含人工變數時會如何？此時規劃人員又應該如何處理？

   解： 在單形法的使用過程中加入人工變數(Artifical Variable)在限制
   式中，純粹是為了方便計算，通常在最後的最佳解中，人工變數會
   消失掉，但若沒有消失，通常是有二種情形，一是人工變數仍為基
   本變數但其值為 0，此時表示題目仍有解，亦即最後只要人工變數
   之值為 0 即可，不管其為基本或非基本變數；另一種情形是其值不
   為 0，此時則是表示該題目無解。發生的原因可能是資料或規劃錯
   誤，或是原料不足，需求過高等原因，造成不當的限制式。所以規
   劃人員必須重新審視資料及規劃，以找出原因並修正之。

5. 敍述下列情況，在使用單形法如何發現之。

   (a)無界

   (b)無可行解

   (c)退化解

   (d)數個最佳解

   解： (a)無界：

   　　即表示可行解範圍無界且目標函數為極值，此情況的發生是在於

使用單形法時，選擇離開變數時，若在最小比率檢定中，主軸行中的替代比率係數皆爲負數或 0 。

(b)無可行解：

即表示在各限制條件中，找不到共同的可行範圍，而在單形法的使用中，這種情形的發生就如第 4 題所言，是當最後的解已是最佳解，但是人工變數並未消失掉，也不爲 0 。

(c)退化解：

若有退化解可能會使得單形法產生循環運算的情形，不過，產生的機會很小，大部份的退化解都不會影響題目的運算。其發現的方法是在選擇離開變數時，若最小比率檢定中，有兩列的比率相同，就會有退化解的產生；進一步說，在單形法中，非基本變數的值應該皆爲 0 ，只有基本變數的值才會大於 0 ，但是若基本變數中有值爲 0 的話，這樣的解，便是退化解。

(d)數個最佳解：

在實務上，這是很普遍的現象，即是可能有數組不同的解都可以達到相同的最佳目標函數值；其發現的方法是，若在最佳解的表中，有非基本變數的 $c_j - z_j$ 值是 0 ，則表示該問題有數個最佳解。

6. 敍述如何將一個線性規劃問題標準化。請舉例說明之。

解：在此，我們先舉出一個關於水泥製造廠的例子，並且隨之說明線性規劃問題標準化的過程。

(1)例子：雙峯水泥製造廠，製售甲、乙、丙、丁四種不同成份及用途的水泥，其製造過程需要包裝機、烘乾機以及混合機三種機器設備，其有關資料如下：

		產		品		
		甲	乙	丙	丁	資源數量
資	包裝機(小時)	1	1	1	1	15
	烘乾機(小時)	7	5	3	2	120
源	混合機(小時)	3	5	10	15	100
	利潤貢獻(元)	9	11	15	17	

並且，因爲合約的限制，乙產品的產量最少要 5 個單位，那麼，要如何生產才能使得利潤最大呢？

(2)要將上面敍述題目標準化，大致上可分爲二步驟。

步驟一：

必須先將文字敍述模式化，即逐步考慮其目標函數及各項限制式。

這題是求極大利潤的問題，所以目標函數爲：

$$\text{Max}: 9x_1+11x_2+15x_3+17x_4,$$

而其限制式，爲各項資源數量限制，以及合約的限制即：

$$\text{s.t.}: \quad x_1+\ x_2+\ \ x_3+\ \ x_4 \leq 15 \quad : 包裝機的限制$$
$$7x_1+5x_2+\ 3x_3+\ 2x_4 \leq 120 \quad : 烘乾機的限制$$
$$3x_1+5x_2+10x_3+15x_4 \leq 100 \quad : 混合機的限制$$
$$x_2 \geq 5 \quad : 產品乙，合約限制$$
$$x_1,\ x_2,\ x_3,\ x_4 \geq 0 \quad : 產量不爲負$$

步驟二：

適當地加入各類變數。

a.考慮限制式一、二、三，皆爲「≦」的形式，所以應該加入鬆弛變數使之成爲等式，

即： $$x_1+\ x_2+\ \ x_3+\ \ x_4+s_1=15$$
$$7x_1+5x_2+\ 3x_3+\ 2x_4+s_2=120$$
$$3x_1+5x_2+10x_3+15x_4+s_3=100$$

b.再來考慮限制式四，為「≧」的形式，固應該加入多餘變數及人工變數，使之成為等式。

即：$x_2 - s_4 + A_1 = 5$

c.最後，修正最後一行限制式以及目標函數，如此，就可以得出該題在使用單形法前的標準形式，如下所示：

Max：$\$9 \times x_1 + \$11 \times x_2 + \$15 \times x_3 + \$17 \times x_4 + \$0 \times s_1 +$
$\$0 \times s_2 + \$0 \times s_3 + \$0 \times s_4 - \$M \times A_1$

S.t.：$x_1 + x_2 + x_3 + x_4 + s_1 = 15$

$7x_1 + 5x_2 + 3x_3 + 2x_4 + s_2 = 120$

$3x_1 + 5x_2 + 10x_3 + 15x_4 + s_3 = 100$

$x_2 - s_4 + A_1 = 5$

其中，s_1, s_2, s_3, s_4的成本為\$0，而A_1的成本為負無限大，$-\$M$。

7. 請以單形法解決下列線性規劃問題，並試以圖解法解之。

(a)Max：$3x_1 + 5x_2$

   s.t.：$x_1 \leqq 6$

       $3x_1 + 2x_2 \leqq 18$

       $x_1, x_2 \geqq 0$

(b)Min：$4x_1 + 5x_2$

   s.t.：$x_1 + 2x_2 \geqq 80$

       $3x_1 + x_2 \geqq 75$

       $x_1, x_2 \geqq 0$

解：(a)題部分

(1)首先以單形法解之。

題目經過標準化後，會如下所示：

Max：$3x_1 + 5x_2 + 0 \times s_1 + 0 \times s_2$

   s.t.：$x_1 + s_1 = 6$

       $3x_1 + 2x_2 + s_2 = 18$

       $x_1, x_2, s_1, s_2 \geqq 0$

其中s_1，s_2為鬆弛變數

接下來，開始寫出各步驟的單形表，（在這小題我們以較為詳盡的步驟來解之，以後各題的解法會較精簡）

a.起始表（表一）

c_j	3	5	0	0	
	x_1	x_2	s_1	s_2	產出數量
0 s_1	1	0	1	0	6 ←係數為0，不能比較
0 s_2	3	② 軸元素	0	1	18 $\frac{18}{2}=9$ ←為主軸列
z_j	0	0	0	0	0
c_j-z_j	3	5	0	0	

$\uparrow$
c_j-z_j值正最大，為主軸行

b.經過軸轉換後，得到表二

c_j	3	5	0	0	
	x_1	x_2	s_1	s_2	產出數量
0 s_1	1	0	1	0	6
5 x_2	1.5	1	0	0.5	9 ←將原s_2列係數皆除以軸元素即可得
z_j	7.5	5	0	2.5	
c_j-z_j	-4.5	0	0	-2.5	←c_j-z_j皆為負數或零，已得最後解

c.經過以上的計算，可以得出最佳解為$\begin{bmatrix} x_1 \\ x_2 \end{bmatrix} = \begin{bmatrix} 0 \\ 9 \end{bmatrix}$

而其目標函數為：$3x_1+5x_2=45$

(2)接下來，以圖解法解之

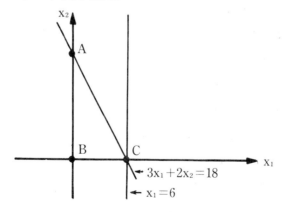

$$A = \begin{bmatrix} x_1 \\ x_2 \\ s_1 \\ s_2 \end{bmatrix} = \begin{bmatrix} 0 \\ 9 \\ 6 \\ 0 \end{bmatrix} \quad B = \begin{bmatrix} x_1 \\ x_2 \\ s_1 \\ s_2 \end{bmatrix} = \begin{bmatrix} 0 \\ 0 \\ 6 \\ 18 \end{bmatrix} \quad C = \begin{bmatrix} x_1 \\ x_2 \\ s_1 \\ s_2 \end{bmatrix} = \begin{bmatrix} 6 \\ 0 \\ 0 \\ 0 \end{bmatrix}$$

三角點代入目標函數後可得A點值爲最大，

(3)最後，以線性代數的觀點來說明尋找各角點的過程。因共有四種

變數，所以共有$\binom{4}{2} = 6$種基本解，

a.基本變數x_1, x_2

由原限制式$\Rightarrow \begin{bmatrix} 1 & 0 \\ 3 & 2 \end{bmatrix}\begin{bmatrix} x_1 \\ x_2 \end{bmatrix} = \begin{bmatrix} 6 \\ 18 \end{bmatrix}$

$$\Rightarrow \begin{bmatrix} x_1 \\ x_2 \end{bmatrix} = \begin{bmatrix} 1 & 0 \\ 3 & 2 \end{bmatrix}^{-1}\begin{bmatrix} 6 \\ 8 \end{bmatrix}$$

$$\Rightarrow \begin{bmatrix} x_1 \\ x_2 \end{bmatrix} = \begin{bmatrix} 1 & 0 \\ -1.5 & 0.5 \end{bmatrix}\begin{bmatrix} 6 \\ 18 \end{bmatrix}$$

$$= \begin{bmatrix} 6 \\ 0 \end{bmatrix} \quad \begin{array}{l}\text{而}s_1, \ s_2\text{皆爲}0 \\ \text{對應到上圖的C點}\end{array}$$

b.基本變數s_1, x_1

由原限制式$\Rightarrow \begin{bmatrix} 1 & 1 \\ 0 & 3 \end{bmatrix}\begin{bmatrix} s_1 \\ x_1 \end{bmatrix} = \begin{bmatrix} 6 \\ 18 \end{bmatrix}$ 　　而s_2與x_2皆爲0

$$\Rightarrow \begin{bmatrix} s_1 \\ x_1 \end{bmatrix} = \begin{bmatrix} 1 & 1 \\ 0 & 3 \end{bmatrix}^{-1}\begin{bmatrix} 6 \\ 8 \end{bmatrix}$$

$$= \begin{bmatrix} 1 & -\dfrac{1}{3} \\ 0 & \dfrac{1}{3} \end{bmatrix}\begin{bmatrix} 6 \\ 18 \end{bmatrix}$$

$$= \begin{bmatrix} 0 \\ 6 \end{bmatrix} \quad \text{對應到上圖的C點}$$

c.基本變數x_1, s_2

由原限制式$\Rightarrow \begin{bmatrix} 1 & 0 \\ 3 & 1 \end{bmatrix}\begin{bmatrix} x_1 \\ s_2 \end{bmatrix} = \begin{bmatrix} 6 \\ 18 \end{bmatrix}$ 　　而x_2與s_1皆爲0

$$\Rightarrow \begin{bmatrix} x_1 \\ s_2 \end{bmatrix} = \begin{bmatrix} 1 & 0 \\ 3 & 1 \end{bmatrix}^{-1} \begin{bmatrix} 6 \\ 18 \end{bmatrix}$$

$$= \begin{bmatrix} 1 & 0 \\ -3 & 1 \end{bmatrix} \begin{bmatrix} 6 \\ 18 \end{bmatrix}$$

$$= \begin{bmatrix} 6 \\ 0 \end{bmatrix} \qquad 對應上圖的C點$$

d.基本變數s_1，x_2

由原限制式$\Rightarrow \begin{bmatrix} 1 & 0 \\ 0 & 2 \end{bmatrix} \begin{bmatrix} s_1 \\ x_2 \end{bmatrix} = \begin{bmatrix} 6 \\ 18 \end{bmatrix}$ 而s_2，x_1皆爲0

$$\Rightarrow \begin{bmatrix} s_1 \\ x_2 \end{bmatrix} = \begin{bmatrix} 1 & 0 \\ 0 & 2 \end{bmatrix}^{-1} \begin{bmatrix} 6 \\ 18 \end{bmatrix}$$

$$\Rightarrow \begin{bmatrix} s_1 \\ x_2 \end{bmatrix} = \begin{bmatrix} 1 & 0 \\ 0 & \frac{1}{2} \end{bmatrix} \begin{bmatrix} 6 \\ 18 \end{bmatrix}$$

$$= \begin{bmatrix} 6 \\ 9 \end{bmatrix} \qquad 對應到上圖的A點$$

e.基本變數x_2，s_2

由原限制式$\Rightarrow \begin{bmatrix} 0 & 0 \\ 2 & 1 \end{bmatrix} \begin{bmatrix} x_2 \\ s_2 \end{bmatrix} = \begin{bmatrix} 6 \\ 18 \end{bmatrix}$

此爲線性相依，所以不能成爲一角點

f.基本變數s_1，s_2

由原限制式$\Rightarrow \begin{bmatrix} 1 & 0 \\ 0 & 1 \end{bmatrix} \begin{bmatrix} s_1 \\ s_2 \end{bmatrix} = \begin{bmatrix} 6 \\ 18 \end{bmatrix}$ 而x_1，x_2皆爲0

$$\Rightarrow \begin{bmatrix} s_1 \\ s_2 \end{bmatrix} = \begin{bmatrix} 1 & 0 \\ 0 & 1 \end{bmatrix}^{-1} \begin{bmatrix} 6 \\ 18 \end{bmatrix}$$

$$= \begin{bmatrix} 6 \\ 18 \end{bmatrix} \qquad 對應到上圖的B點$$

註：本題原應有六個角點，但因爲有三個角點（退化解）集中在 C點，另一個則爲線性相依，故無解，因此最後只形成三個角 點。

(b)題部分

(1)先以單形法解之

a.將題目轉換成標準形式

Min：$4x_1 + 5x_2 + 0 \times s_1 + 0 \times s_2 + M \times A_1 + M \times A_2$

s.t.：$\begin{cases} x_1 + 2x_2 - s_1 + A_1 = 80 \\ 3x_1 + x_2 - s_2 + A_2 = 75 \\ x_1, \ x_2, \ s_1, \ s_2, \ A_1, \ A_2 \geqq 0 \end{cases}$

b.單形法起始表（表一）

	c_j	4 x_1	5 x_2	0 s_1	0 s_2	M A_1	M A_2	數量	
M	A_1	1	2	-1	0	1	0	80	$\dfrac{80}{1}=80$
M	A_2	③軸元素	1	0	-1	0	1	75	$\dfrac{75}{3}=25$ ←主軸列
	z_j	4M	3M	$-M$	$-M$	M	M	155M	
	$c_j - z_j$	$4-4M$	$5-3M$	M	M	$-M$	$-M$		

↑
主軸行

c.單形表二

	c_j	4 x_1	5 x_2	0 s_1	0 s_2	M A_1	M A_2	數量	
M	A_1	0	$\dfrac{5}{3}$軸元素	-1	$\dfrac{1}{3}$	1	$-\dfrac{1}{3}$	55	$\dfrac{55}{\frac{5}{3}}=33$ ←主軸列
4	x_1	1	$\dfrac{1}{3}$	0	$-\dfrac{1}{3}$	0	$\dfrac{1}{3}$	25	$\dfrac{25}{\frac{1}{3}}=75$
	Z_j	4	$\dfrac{5}{3}M+\dfrac{4}{3}$	$-M$	$\dfrac{M}{3}-\dfrac{4}{3}$	M	$-\dfrac{M}{3}+\dfrac{4}{3}$	55M+100	
	$C_j - Z_j$	0	$-\dfrac{5}{3}M+\dfrac{11}{3}$	M	$-\dfrac{M}{3}+\dfrac{4}{3}$	0	$\dfrac{2M}{3}-\dfrac{4}{3}$		

↑
主軸行

d.單形表三

	c_j	4	5	0	0	M	M	
		x_1	x_2	s_1	s_2	A_1	A_2	數量
5	x_2	0	1	$-\dfrac{5}{3}$	$\dfrac{1}{5}$	$\dfrac{3}{5}$	$-\dfrac{1}{5}$	33
4	x_1	1	0	$\dfrac{1}{5}$	$-\dfrac{2}{3}$	$-\dfrac{1}{5}$	$\dfrac{2}{5}$	14
	z_j	4	5	$-\dfrac{11}{5}$	$-\dfrac{5}{3}$	$\dfrac{11}{5}$	$\dfrac{3}{5}$	221
	$c_j - z_j$	0	0	$\dfrac{11}{5}$	$\dfrac{5}{3}$	$M-\dfrac{11}{5}$	$M-\dfrac{3}{5}$	

←皆爲正數或0，已得最後解

e.經過上述的計算，可以得到最佳解爲 $\begin{bmatrix} x_1 \\ x_2 \end{bmatrix} = \begin{bmatrix} 14 \\ 33 \end{bmatrix}$

而其目標函數爲： $4x_1 + 5x_2 = 221$

(2)再來以圖解法解之

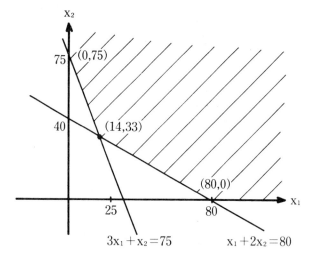

$3x_1 + x_2 = 75$ $x_1 + 2x_2 = 80$

將各角點代入驗算即可得最佳解爲 $\begin{bmatrix} x_1 \\ x_2 \end{bmatrix} = \begin{bmatrix} 14 \\ 33 \end{bmatrix}$

8. LP問題：

$$\text{Max}: 2x_1 + 3x_2$$

$$\text{s.t.}: 6x_1 + 9x_2 \leq 18$$

$$9x_1 + 3x_2 \geqq 9$$

$$x_1, \quad x_2 \geqq 0$$

試問(1)以單形法解決此問題。

(2)如何知道本題有多個最佳解。

(3)找出兩個以上最佳解。

(4)以圖解法解題，並表示多個解之位置。

解：(1)將問題寫成標準形式

a.　　　$\text{Max}: 2x_1 + 3x_2 + 0 \times s_1 + 0 \times s_2 + M \times A_1$

　　　$\text{s.t.}: 6x_1 + 9x_2 + s_1 = 18$

　　　　　$9x_1 + 3x_2 - s_2 + A_1 = 9$

b.起始表（表一）

	c_j	2 x_1	3 x_2	0 s_1	0 s_2	$-M$ A_1	數量	
0	s_1	6	9	1	0	0	18	$\dfrac{18}{0}=3$
$-M$	A_1	⑨軸元素	3	0	-1	1	9	$\dfrac{9}{9}=1$ ←主軸列
	z_j	$-9M$	$-3M$	0	M	$-M$	$-9M$	
	$c_j - z_j$	$2+9M$	$3+3M$	0	$-M$	0		

↑
主軸行

c.表二

	c_j	2 x_1	3 x_2	0 s_1	0 s_2	$-M$ A_1	數量	
0	s_1	0	⑦軸元素	1	$\dfrac{2}{3}$	$-\dfrac{2}{3}$	12	$\dfrac{12}{7}=\dfrac{12}{7}$ ←主軸列
2	x_1	1	$\dfrac{1}{3}$	0	$-\dfrac{1}{9}$	$\dfrac{1}{9}$	1	$\dfrac{1}{\frac{1}{3}}=3$
	z_j	2	$\dfrac{2}{3}$	0	$-\dfrac{2}{9}$	$\dfrac{2}{9}$	2	
	$c_j - z_j$	0	$\dfrac{7}{3}$	0	$\dfrac{2}{9}$	$-M-\dfrac{2}{9}$		

↑
主軸行

d.表三

c_j		2 x_1	3 x_2	0 s_1	0 s_2	$-M$ A_1	數量
3	x_2	0	1	$\frac{1}{7}$	$\frac{2}{21}$	$-\frac{2}{21}$	$\frac{12}{7}$
2	x_1	1	0	$-\frac{1}{21}$	$-\frac{1}{7}$	$\frac{1}{7}$	$\frac{3}{7}$
	z_j	2	3	$\frac{1}{3}$	0	0	6
	$c_j - z_j$	0	0	$-\frac{1}{3}$	0	$-M$	

e.表四

c_j		2 x_1	3 x_2	0 s_1	0 s_2	$-M$ A_1	數量
0	s_2	0	$\frac{21}{2}$	$\frac{3}{2}$	1	-1	18
2	x_1	1	$\frac{3}{2}$	$\frac{1}{6}$	0	0	3
	z_j	2	3	$\frac{1}{3}$	0	0	6
	$c_j - z_j$	0	0	$-\frac{1}{3}$	0	$-M$	

(2)由表三及表四, 我們可以發現在最佳解的表中, 有非基本變數$c_j -$ z_j值爲0, 此即表示這題有數個最佳解,

(3)我們可由表三得出一個最佳解 $\begin{bmatrix} x_1 \\ x_2 \\ s_1 \\ s_2 \\ A_1 \end{bmatrix} = \begin{bmatrix} \frac{3}{7} \\ \frac{12}{7} \\ 0 \\ 0 \\ 0 \end{bmatrix}$

再由表四得出另一個最佳解 $\begin{bmatrix} x_1 \\ x_2 \\ s_1 \\ s_2 \\ A_1 \end{bmatrix} = \begin{bmatrix} 3 \\ 0 \\ 0 \\ 18 \\ 0 \end{bmatrix}$

並分別代入目標函數: Max: $2x_1 + 3x_2$, 我們可以發現, 兩個最佳解的總利潤皆爲6, 故成立。

(4)圖解法：

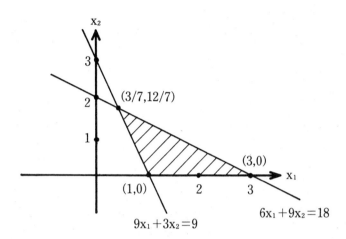

$9x_1+3x_2=9$

$6x_1+9x_2=18$

我們可發現，符合各條件式的區域內有三個角點，

即 $\begin{bmatrix} x_1 \\ x_2 \end{bmatrix}=\begin{bmatrix} 3 \\ 0 \end{bmatrix}$, $\begin{bmatrix} x_1 \\ x_2 \end{bmatrix}=\begin{bmatrix} \dfrac{3}{7} \\ \dfrac{12}{7} \end{bmatrix}$ 及 $\begin{bmatrix} x_1 \\ x_2 \end{bmatrix}=\begin{bmatrix} 1 \\ 0 \end{bmatrix}$

而前二點即是最佳解的點。

9. 將下列LP問題標準化。並畫出最初單形表。

(a) Min：$50x_1+10x_2+75x_3$

    s.t.：$x_1-x_2=1000$

           $2x_2+2x_3=2000$

           $x_1 \leqq 1500$

           $x_1,\ x_2,\ x_3 \geqq 0$

解：(1)將問題標準化：

    Min：$50x_1+10x_2+75x_3+M \times A_1+M \times A_2+0 \times s_1$

$$\text{s.t.:} \quad x_1 - x_2 + A_1 = 1000$$

$$2x_2 + 2x_3 + A_2 = 2000$$

$$x_1 + s_1 = 1500$$

$$x_1, \quad x_2, \quad A_1, \quad A_2, \quad s_1 \geqq 0$$

其中A_1，A_2為人工變數。s_1為鬆弛變數

(2)其起始單形表

c_j	50 x_1	10 x_2	75 x_3	M A_1	M A_2	0 s_1	數量	
M A_1	1	-1	0	1	0	0	1000	←係數為0，不能比較
M A_2	0	2	②軸元素	0	2	0	2000	←$\dfrac{2000}{2}=1000$主軸列
0 s_1	1	0	0	0	0	1	1500	←係數為0，不能比較
z_j	M	M	2M	M	2M	0	3000M	
$c_j - z_j$	(50$-$M)	(10$-$M)	(75$-$2M)	0	$-$M	0		

↑
主軸行

(b) Max: $8x_1 + 4x_2 + 12x_3 - 10x_4$

$$\text{s.t.:} \quad x_1 + 2x_2 + x_3 + 5x_4 \leqq 150$$

$$x_2 - 4x_3 + 8x_4 = 70$$

$$6x_1 + 7x_2 + 2x_3 - x_4 \geqq 120$$

$$x_1, \quad x_2, \quad x_3, \quad x_4 \geqq 0$$

解：(1)將問題標準化

Max: $8x_1 + 4x_2 + 12x_3 - 10x_4 + 0 \times s_1 + 0 \times s_2 - M \times A_1 - M \times A_2$

$$\text{s.t.:} \quad x_1 + 2x_2 + x_3 + 5x_4 + s_1 = 1150$$

$$x_2 - 4x_3 + 8x_4 + A_1 = 70$$

$$6x_1 + 7x_2 + 2x_3 - x_4 - s_2 + A_2 = 120$$

$$x_1, \quad x_2, \quad x_3, \quad x_4, \quad s_1, \quad s_2, \quad A_1, \quad A_2 \geqq 0$$

其中，A_1，A_2表人工變數

s_1表鬆弛變數，s_2表多餘變數

(2)起始單形表

c_j		8 x_1	4 x_2	12 x_3	−10 x_4	0 s_1	0 s_2	−M A_1	−M A_2	數量	
0	s_1	1	2	1	5	1	0	0	0	150	$\frac{150}{2}=75$
−M	A_1	0	1	−4	8	0	0	1	0	70	$\frac{70}{1}=70$
−M	A_2	6	⑦軸元素	2	−1	0	−1	0	1	120	$\frac{120}{7}←$主軸列
z_j		−6M	−8M	2M	7M	0	M	−M	−M	−190M	
c_j-z_j		(8+6M)	(4+8M)	(12−2M)	(−10−7M)	0	−M	0	0		

↑
主軸行

(c)　Min：$4x_1+5x_2$

　　s.t.：　$x_1+2x_2 \geqq 80$

　　　　　$3x_1+\ x_2 \geqq 75$

　　　　　$x_1,\ x_2 \geqq 0$

解：(1)將問題標準化

　　　　Min：$4x_1+5x_2+0 \times s_2+M \times A_1+M \times A_2$

　　　　s.t.：　$x_1+2x_2-s_1+A_1=80$

　　　　　　　$3x_1+\ x_2-s_2+A_2=75$

　　　　　　　$x_1,\ x_2,\ s_1,\ s_2,\ A_1,\ A_2 \geqq 0$

　　　其中s_1，s_2為多餘變數，A_1，A_2為人工變數。

(2)起始單形表

c_j		4 x_1	5 x_2	0 s_1	0 s_2	M A_1	M A_2	數量	
M	A_1	1	2	−1	0	1	0	80	$\frac{80}{1}=80$
M	A_2	③軸元素	1	0	−1	0	1	75	$\frac{75}{3}=25←$主軸列
z_j		4M	3M	−M	−M	M	M	155M	
c_j-z_j		4−4M	5−3M	M	M	0	0		

↑
主軸行

(d) Min：$4x_1 + x_2$

　　　s.t.：$3x_1 + \ x_2 = 3$

　　　　　$4x_1 + 3x_2 \geqq 6$

　　　　　$\ x_1 + 2x_2 \leqq 3$

　　　　　$x_1, \ x_2 \geqq 0$

解：(1)將問題標準化

　　　Min：$4x_1 + x_2 + 0 \times s_1 + 0 \times s_2 + M \times A_1 + M \times A_2$

　　　s.t.：$3x_1 + \ x_2 + A_1 = 3$

　　　　　$4x_1 + 3x_2 - s_1 + A_2 = 6$

　　　　　$\ x_1 + 2x_2 + s_2 = 3$

　　　　　$x_1, \ x_2, \ s_1, \ s_2, \ A_1, \ A_2 \geqq 0$

　　　其中，$A_1, \ A_2$為人工變數，

　　　　　s_2為鬆弛變數，s_1為多餘變數。

(2)起始單形表

	c_j	4 x_1	1 x_2	0 s_1	0 s_2	M A_1	M A_2	數量	
M	A_1	③軸元素	1	0	0	1	0	3	$\frac{3}{3}=1 \leftarrow$主軸列
M	A_2	4	3	-1	0	0	1	6	$\frac{6}{4}=\frac{3}{2}$
0	s_2	1	2	0	1	0	0	3	$\frac{3}{1}=3$
	z_j	7M	4M	$-M$	0	M	M	9M	
	$c_j - z_j$	$4-7M$	$1-4M$	M	0	0	0		

　　　　　↑
　　　　主軸行

10. 在一求最大化線性規劃問題的第三回單形表如下：

$c_j \rightarrow$	產品組合	$6	$3	$5	$0	$0	$0	
$\downarrow$		x_1	x_2	x_3	s_1	s_2	s_3	數量
$5	x_3	0	1	1	1	0	3	5
$6	x_1	1	−3	0	0	0	1	12
$0	s_2	0	2	0	1	1	−1	10
	z_j	$6	−$13	$5	$5	$0	$21	$97
	$c_j - z_j$	$0	$16	$0	−$5	$0	−$21	

當你欲增進利潤並轉至下個求解程序時會發生何種特殊狀況?

解: 當我們以上表要進入下一步驟時會發現:

	c_j	$6 x_1	$3 x_2	$5 x_3	$0 s_1	$0 s_2	$0 s_3	數量	
$5	x_3	0	1	1	1	0	3	5	$\frac{5}{1}=5\leftarrow?$
$6	x_1	1	−3	0	0	0	1	12	$\frac{-3}{12}=-\frac{1}{4}$
$0	s_2	0	2	0	1	1	−1	10	$\frac{10}{2}=5\leftarrow?$
	z_j	$6	−$13	$5	$5	$0	$21	$97	
	$c_j - z_j$	$0	$16	$0	−$5	$0	−$21		

$\uparrow$
主軸行

在上表中, x_3 與 s_2, 兩列的比率皆是5, 即最小比率法, 此時無法發揮功用, 我們分別以 x_3 及 s_2 列為主軸列運算看看會有什麼結果。

(表一) 以 x_3 列為主軸列,

	c_j	$6 x_1	$3 x_2	$5 x_3	$0 s_1	$0 s_2	$0 s_3	數量
$3	x_2	0	1	1	1	0	3	5
$6	x_1	1	0	3	3	0	10	27
$0	s_2	0	0	−2	−2	1	7	0
	z_j	$6	$3	$21	$21	$18	$69	$177
	$c_j - z_j$	$0	$0	−$16	−$21	−$18	−$69	

（表二）以 s_2 列爲主軸列

	c_j	$6 x_1	$3 x_2	$5 x_3	$0 s_1	$0 s_2	$0 s_3	數量
$5	x_3	0	0	1	$\frac{1}{2}$	$-\frac{1}{2}$	$\frac{7}{2}$	0
$6	x_1	1	0	0	$\frac{3}{2}$	$\frac{3}{2}$	$-\frac{3}{2}$	27
$3	x_2	0	1	0	$\frac{1}{2}$	$\frac{1}{2}$	$-\frac{1}{2}$	5
	z_j	$6	$3	$5	$13	$8	$7	$177
	c_j-z_j	$0	$0	$0	$-$13	$-$8	$-$7	

我們可以發現，由（表一）所算出的最佳解是爲 $x_1=27$， $x_2=5$， $x_3=0$， $s_1=0$， $s_2=0$，比較（表二）所得出的最佳解，可發現兩者是相同的，且其目標函數皆爲$177，但二表的計算過程、結果卻不盡相同。我們再檢視其基本變數，可以發現有基本變數的值爲零，由此可得其爲退化解，也就是多餘條件的一種，這不會影響最佳解的求得，但可能會使單形法產生循環運算的情形，也就是會一直循環檢視某數個非最佳解的角點，而無法得出最佳解，但並非所有情形皆會如此，即使發生了，只要改變選擇主軸列，就可以避免了。

11. 下表是一個最佳單形表,請問基本變數的值爲多少？那些是非基本變數？本題是極大或極小化問題？本答案有無問題？

$c_j\rightarrow$ ↓	產品組合	3 x_1	5 x_2	0 s_1	0 s_2	$-M$ A_1	數量
5	x_2	1	1	2	0	0	6
$-M$	A_1	-1	0	-2	-1	1	2
	z_j	$5+M$	5	$10+2M$	$+M$	$-M$	$30-2M$
	c_j-z_j	$-2-M$	0	$-10-2M$	$-M$	0	

解：(1)本題的基本變數及其值爲 $x_2=6$， $A_1=2$，

（基本變數的替代係數呈單位矩陣）

(2)其非基本變數為x_1，s_1，s_2，值皆為0。

(3)要看出極大或極小問題可由下列兩點，

　　a.我們可以看到，人工變數A_1的成本為$-M$，即負的無限大，表示此題為極大問題。

　　b.也可以由c_j-z_j列，看出各值為$(-2-M,0,-10-2M,-M,0)$皆為負數或零，而且此表已是最佳單形表，所以可以知道這是屬於極大問題。

(4)在本題中，可以發現一個問題，即該c_j-z_j列皆已為負數或零，表示已求得最佳解，但是人工變數A_1為基本變數並未消除掉，且其值不為0，是為2，故可得知，本題無解。

12. 請以你所知道的電腦LP軟體解決第9題中諸線性規劃問題。

　　解：關於線性規劃的電腦軟體非常多，在這，我們是使用QM來解決，其中(a)小題會列出所有的步驟，而(b)、(c)、(d)三小題則僅列出最終的結果。

(a)小題
Program: Linear Programming
Problem Title: ex7-9a
＊＊＊＊＊Input Data＊＊＊＊＊
Min. $z=50x_1+10x_2+75x_3$
Subject to
c1　$1x_1-1x_2=1,000$
c2　$2x_2+2x_3=2,000$
c3　$1x_1 \leq 1,500$
＊＊＊＊＊Program Output＊＊＊＊＊
Simplex Tableau: 0

C_b \ C_j	Basis	Bi	50.000 x_1	10.000 x_2	75.000 x_3	0.000 s_3
0.000	S3	1500.000	1.000	0.000	0.000	1.000
M	A1	1000.000	1.000	−1.000	0.000	0.000
M	A2	2000.000	0.000	2.000	2.000	0.000
	z_j	*+M*	M	M	M	0.000
	$z_j － c_j$		M	M	M	0.000

C_b \ C_j	Basis	Bi	M A_1	M A_2
0.000	S3	1500.000	0.000	0.000
M	A1	1000.000	1.000	0.000
M	A2	2000.000	0.000	1.000
	z_j	*+M*	M	M
	$z_j － c_j$		0.000	0.000

Simplex Tableau: 1

C_b \ C_j	Basis	Bi	50.000 x_1	10.000 x_2	75.000 x_3	0.000 s_3
0.000	s_3	1500.000	1.000	0.000	0.000	1.000
M	A_1	1000.000	1.000	−1.000	0.000	0.000
75.000	x_3	1000.000	0.000	1.000	1.000	0.000
	z_j	84999.000	M	−M	75.000	0.000
	$z_j － c_j$		M	−M	0.000	0.000

C_b \ C_j	Basis	Bi	M A_1	M A_2
0.000	s_3	1500.000	0.000	0.000
M	A_1	1000.000	1.000	0.000
75.000	x_3	1000.000	0.000	0.500
	z_j	84999.000	M	37.500
	$z_j － c_j$		0.000	−M

Simplex Tableau: 2

C_b \ C_j	Basis	Bi	50.000 x_1	10.000 x_2	75.000 x_3	0.000 s_3
0.000	s_3	500.000	0.000	1.000	0.000	1.000
50.000	x_1	1000.000	1.000	−1.000	0.000	0.000
75.000	x_3	1000.000	0.000	1.000	1.000	0.000
	z_j 125000.000		50.000	25.000	75.000	0.000
	$z_j － c_j$		0.000	15.000	0.000	0.000

C_b \ C_j	Basis	Bi	M A_1	M A_2
0.000	s_3	500.000	-1.000	0.000
50.000	x_1	1000.000	1.000	0.000
75.000	x_3	1000.000	0.000	0.500
z_j		125000.000	50.000	37.500
$z_j - c_j$			-M	-M

Simplex Tableau: 3

C_b \ C_j	Basis	Bi	50.000 x_1	10.000 x_2	75.000 x_3	0.000 s_3
10.000	x_2	500.000	0.000	1.000	0.000	1.000
50.000	x_1	1500.000	1.000	0.000	0.000	1.000
75.000	x_3	500.000	0.000	0.000	1.000	-1.000
z_j		117500.000	50.000	10.000	75.000	-15.000
$z_j - c_j$			0.000	0.000	0.000	-15.000

C_b \ C_j	Basis	Bi	M A_1	M A_2
10.000	x_2	500.000	-1.000	0.000
50.000	x_1	1500.000	0.000	0.000
75.000	x_3	500.000	1.000	0.500
z_j		117500.000	65.000	37.500
$z_j - c_j$			-M	-M

Final Optimal Solution

z=117500.000

Variable	Value	Reduced Cost
x_1	1500.000	0.000
x_2	500.000	0.000
x_3	500.000	0.000

Constraint	Slack/Surplus	Shadow Price
c_3	0.000	15.000

Objective Coefficient Ranges

Variables	Lower Limit	Current Values	Upper Limit	Allowable Increase	Allowable Decrease
x_1	No limit	50.000	65.000	15.000	No limit
x_2	No limit	10.000	25.000	15.000	No limit
x_3	60.000	75.000	No limit	No limit	15.000

Right Hand Side Ranges

Constraints	Lower Limit	Current Values	Upper Limit	Allowable Increase	Allowable Decrease
c_1	500.000	1000.000	1500.000	500.000	500.000
c_2	1000.000	2000.000	No limit	No limit	1000.000
c_3	1000.000	1500.000	2000.000	500.000	500.000

＊＊＊＊＊End of Output＊＊＊＊＊

(b)小題
Program: Linear Programming
Problem Title: ex7-9b
＊＊＊＊＊Input Data＊＊＊＊＊
Max. $z = 8x_1 + 4x_2 + 12x_3 - 10x_4$
Subject to
c_1　$1x_1 + 2x_2 + 1x_3 + 5x_4 <= 150$
c_2　$1x_2 - 4x_3 + 8x_4 = 70$
c_3　$6x_1 + 7x_2 + 2x_3 - 1x_4 >= 120$
＊＊＊＊＊Program Output＊＊＊＊＊
Simplex Tableau: 5

C_b ＼ C_j	Basis	Bi	8.000 x_1	4.000 x_2	12.000 x_3	-10.000 x_4
0.000	s_3	508.750	0.000	1.125	19.500	0.000
-10.000	x_4	8.750	0.000	0.125	-0.500	1.000
8.000	x_1	106.250	1.000	1.375	3.500	0.000
	z_j	762.500	8.000	9.750	33.000	-10.000
	$c_j - z_j$		0.000	-5.750	-21.000	0.000

C_b ＼ C_j	Basis	Bi	0.000 s_1	0.000 s_3	$-M$ A_2	$-M$ A_3
0.000	s_3	508.750	6.000	1.000	-3.875	-1.000
-10.000	x_4	8.750	0.000	0.000	0.125	0.000
8.000	x_1	106.250	1.000	0.000	-0.625	0.000
	z_j	762.500	8.000	0.000	-6.234	0.000
	$c_j - z_j$		-8.000	0.000	$-M$	$-M$

Final Optimal Solution
$z = 762.500$

(c)小題

Program: Linear Programming
Problem Title: ex7-9c
＊＊＊＊＊Input Data＊＊＊＊＊
Min. $z = 4x_1 + 5x_2$
Subject to
c_1 $1x_1 + 2x_2 >= 80$
c_2 $3x_1 + 1x_2 >= 75$
＊＊＊＊＊Program Output＊＊＊＊＊
Simplex Tableau: 2

C_b \ C_j	Basis	Bi	4.000 x_1	5.000 x_2	0.000 s_1	0.000 s_2
5.000	x_2	33.000	0.000	1.000	−0.600	0.200
4.000	x_1	14.000	1.000	0.000	0.200	−0.400
	z_j	221.000	4.000	5.000	−2.200	−0.600
	$z_j - c_j$		0.000	0.000	−2.200	−0.600

C_b \ C_j	Basis	Bi	M A_1	M A_2
5.000	x_2	33.000	0.600	−0.200
4.000	x_1	14.000	−0.200	0.400
	z_j	221.000	2.188	0.594
	$z_j - c_j$		−M	−M

Final Optimal Solution
z=221.000

(d)小題
Program: Linear Programming
Problem Title: ex7-9d
＊＊＊＊＊Input Data＊＊＊＊＊
Min. $z = 4x_1 + 1x_2$
Subject to
c_1 $3x_1 + 1x_2 = 3$
c_2 $4x_1 + 3x_2 >= 6$
c_3 $1x_1 + 2x_2 <= 3$
＊＊＊＊＊Program Output＊＊＊＊＊
Simplex Tableau: 2

c_b \ c_j	Basis	Bi	4.000 x_1	1.000 x_2	0.000 s_3	0.000 s_2
1.000	x_2	1.200	0.000	1.000	0.600	0.000
4.000	x_1	0.600	1.000	0.000	-0.200	0.000
M	A_2	0.000	0.000	0.000	-1.000	-1.000
	z_j	3.600	4.000	1.000	$-M$	$-M$
	$z_j - c_j$	0.000	0.000	$-M$	$-M$	

c_b \ c_j	Basis	Bi	M A_1	M A_2
1.000	x_2	1.200	-0.200	0.000
4.000	x_1	0.600	0.400	0.000
M	A_2	0.000	-1.000	1.000
	z_j	3.600	$-M$	M
	$z_j - c_j$		$-M$	0.000

Final Optimal Solution
$z = 3.600$

13. 第六章的第六題作業，東方商學院排課問題是一最小成本問題。

⑴請將其寫成線性規劃模式，並以單形法解之。

⑵在求解後，請由其最佳單形表中，分析大學及研究所每門課的費用應
維持在何範圍內，才不致影響你在⑴中所求得的答案？

解：⑴將該題模式化後，成為：

$$\text{Min}: 2{,}500x_1 + 3{,}000x_2$$

$$\text{s.t.}: x_1 \geq 30$$

$$x_2 \geq 20$$

$$x_1 + x_2 \geq 60$$

$$x_1, \ x_2 \geq 0$$

再將它寫成標準式：

$$\text{Min}: 2{,}500x_1 + 3{,}000x_2 + 0 \times s_1 + 0 \times s_2 + 0 \times s_3 + M \times A_1$$

$$+ M \times A_2 + M \times A_3$$

$$\text{s.t.}: x_1 - s_1 + A_1 = 30$$

$$x_2 - s_2 + A_2 = 20$$

$$x_1 + x_2 - s_3 + A_3 = 60$$

$$x_1, \ x_2, \ s_1, \ s_2, \ s_3, \ A_1, \ A_2, \ A_3 \geqq 0$$

其中以s_1，s_2，s_3爲多餘變數，A_1，A_2，A_3爲人工變數，接著，以單形表解之。

a.起始表 (表一)

c_i	$2,500$ x_1	$3,000$ x_2	0 s_1	0 s_2	0 s_3	M A_1	M A_2	M A_3	數量	
M A_1	①軸元素	0	-1	0	0	1	0	0	30	$\frac{30}{1}=30$←主軸列
M A_2	0	1	0	-1	0	0	1	0	20	←係數爲0
M A_3	1	1	0	0	-1	0	0	1	60	$\frac{60}{1}=60$
z_i	$2M$	$2M$	$-M$	$-M$	$-M$	M	M	M	$110M$	
c_i-z_i	$(2,500-2M)$	$(3,000-2M)$	M	M	M	$-M$	$-M$	$-M$		

↑
主軸行

b.表二

c_i	$2,500$ x_1	$3,000$ x_2	0 s_1	0 s_2	0 s_3	M A_1	M A_2	M A_3	數量	
$2,500 x_1$	1	0	-1	0	0	1	0	0	30	←係數爲0
M A_2	0	①軸元素	0	-1	0	0	1	0	20	$\frac{20}{1}=20$←主軸列
M A_3	0	1	1	0	-1	-1	0	1	30	$\frac{30}{1}=30$
z_i	$2,500$	$2M$	$(M-2,500)$	$-M$	$-M$	$(2,500-M)$	M	M	$(7,500+50M)$	
c_i-z_i	0	$(3,000-2M)$	$(2,500-M)$	M	M	$(2M-2,500)$	0	0		

↑
主軸行

c.表三

c_i	$2,500$ x_1	$3,000$ x_2	0 s_1	0 s_2	0 s_3	M A_1	M A_2	M A_3	數量	
$2,500 x_1$	1	0	-1	0	0	1	0	0	30	←爲負
$3,000 x_2$	0	1	0	-1	0	0	1	0	20	←係數爲0
M A_3	0	0	1	1	-1	-1	0	1	10	←主軸列
z_i	$2,500$	$3,000$	$(M-2,500)$	$(M-3,000)$	$-M$	$(2,500-M)$	$3,000$	M	$(35,000+10M)$	
c_i-z_i	0	0	$(2,500-M)$	$(3,000-M)$	M	$(2M-2,500)$	$(M-3,000)$	0		

↑
主軸行

d.表四

c_i	$2,500$ x_1	$3,000$ x_2	0 s_1	0 s_2	0 s_3	M A_1	M A_2	M A_3	數量
$2,500x_1$	1	0	0	1	-1	0	0	1	40
$3,000x_2$	0	1	0	-1	0	0	1	0	20
$0\ s_1$	0	0	1	1	-1	-1	0	1	10
z_j	$2,500$	$3,000$	0	-500	$-2,500$	0	$3,000$	$2,500$	$160,000$
c_j-z_j	0	0	0	500	$2,500$	M	$(M-3,000)$	$(M-2,500)$	

檢視 c_j-z_j 列，發現每一項為正數或零，故已得最後的最佳解，此

即為 $\begin{bmatrix} x_1 \\ x_2 \end{bmatrix} = \begin{bmatrix} 40 \\ 20 \end{bmatrix}$，即 $\begin{cases} \text{大學生40門課程,} \\ \text{研究生20門課程。} \end{cases}$

(2)此小題即為敏感度分析的應用。

a.設大學部每門課程的費用為 $\$(2,500+d)$

則我們在參考最佳表時可以發現，

c_i	$2,500+d$ x_1	$3,000$ x_2	0 s_1	0 s_2	0 s_3	M A_1	M A_2	M A_3	數量
$2,500+dx_1$	1	0	0	1	-1	0	0	1	40
$3,000x_2$	0	1	0	-1	0	0	1	0	20
$0\ s_1$	0	0	1	1	-1	-1	0	1	10
z_j	$2,500+d$	$3,000$	0	$d-500$	$-d-2,500$	0	$3,000$	$2,500+d$	$6,000+d$
c_j-z_j	0	0	0	$500-d$	$2,500+d$	M	$M-3,000$	$M-2,500-d$	0

若仍要維持原有答案為最佳解,必須 c_j-z_j 列各項皆要大於等於

零

$$\Rightarrow \begin{cases} 500-d \geqq 0 \\ 2,500+d \geqq 0 \end{cases} \Rightarrow \begin{cases} d \leqq 500 \\ d \geqq -2,500 \end{cases} \Rightarrow -2,500 \leqq d \leqq 500$$

即 $0 \leqq 2,500+d \leqq 3,000$

所以, 大學部課程費用在0至3,000之間時, 才不會影響到(a)的答
案。

b.再考慮研究所課程。

設其每門課費用為 $3,000+d$,

那麼, 我們將之代入最佳表後可以發現。

	2,500 x_1	3,000+d x_2	0 s_1	0 s_2	0 s_3	M A_1	M A_2	M A_3	數量
2,500x_1	1	0	0	1	−1	0	0	1	40
3,000+dx_2	0	1	0	−1	0	0	1	0	20
0 s_1	0	0	1	1	−1	−1	0	1	10
z_j	2,500	3,000+d	0	−500−d	−2,500	0	3,000+d	2,500	16,000
c_j-z_j	0	0	0	500+d	2,500	M	M−3,000−d	M−2,500	

若要維持原有答案爲最佳解，必須c_j-z_j列中各項皆要大於等於零

$\Rightarrow 500+d \geqq 0 \Rightarrow d \leqq -500$

即$3,000+d \geqq 2,500$，

所以，研究所的課程費用每門應在2,500元以上，才下會影響到(a)的答案。

第八章 計劃評核術與要徑法

1. 請舉例說明甘特圖的繪製程序。

   解：甘特圖是在專案管理技術中最早且最容易瞭解與使用的工具,在此,
   我們就以一個建房子的例子來說明其繪製過程。首先必須要收集完
   整的資料, 包括各工作項目、估計所需的時間以及其前置工作, 此
   題的各項資料如下:

工作項目	估計所需時間	前置工作
A 地基及牆	6 週	—
B 水管及電線	3 週	A
C 屋頂	4 週	A
D 屋外粉刷	2 週	A
E 內部裝璜	6 週	BC

   再來, 以時間為橫軸, 工作項目為縱軸, 依序地將上述資料填入,
   並且需要注意前置工作, 如工作B,C,D皆必須在第六週, 工作A完成
   後才可開始。將之繪成甘特圖如下:

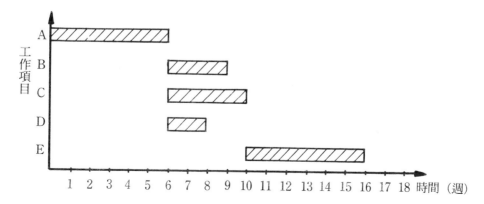

如此，我們便可知道各項工作的完成順序及其開始與結束時間，以及還有那些工作可以同時進行。

2. 敍述PERT及CPM網路圖的繪製過程。

解：計劃評核術(PERT)及要徑法(CPM)，皆是控制專案計劃的數量方法，其網路圖的製作過程如下：

(1)找出計劃內各項重要的工作。例如在習題8-1中的各工作項目。

(2)找出各項工作間的關係及必須完成的先後順序。亦即必須列出每項工作所需的前置工作。

(3)畫出網路圖以連接各項工作。即將原來的文字敍述轉換成網路圖表示。

(4)估計各項工作的時間及成本，並將之填入網路圖內。最常使用的是Beta分配，以統計方法算出所求。

(5)計算網路圖上所需時間爲最長的途徑，此途徑即所謂的「要徑」(Critical Path)，只要能減少這條要徑所需的時間，就可減少整個計劃完成的時間。

(6)利用所規劃的網路，控制及操作整個計劃完成的時間及所需成本，此時也必須利用機率及統計方法來計算。

3. PERT可提供決策者那些資訊?

解：計劃評刻術(PERT)可提供的資訊，大致上如下：

(1)何時可完成整個計劃?

(2)那些工作項目是重點項目(Critical)? 那些不是?

(3)該計劃在某特定日期內完成的機會爲多少?

(4)該計劃提早、如期或落後預期完成的時間嗎?

(5)該計劃所使用的經費低於、剛好等於或是超出預算?

⑹以什麼方式使該計劃在最短時間內以最少成本完成?

4. PERT與CPM主要的差異何在?

解: 計劃評核術(PERT)和要徑法(CPM)在基本的原理上十分相似, 但其中還是存在著一些差別, 例如計劃評核術的每個作業要定三個時間估計值: 樂觀時間(Optimistic Time)代表在非常順利情況下所需要的時間; 悲觀時間(Pessimistic Time)代表著在遭到困難情況下所需要的時間; 最可能時間(Most Likely Time)代表在正常情況下所需要的時間。而且經由這些估計時間值來計算作業完成時間的期望值, 以及其標準差或變異數。而要徑法允許使用趕工時間(Crashing), 這項技術使得管理者可藉由額外的資源, 使整個計劃的完成時間有效地縮短而提早完成, 並且要求在符合特定時間完成的條件下, 求取成本最低。

　　以上是兩者的一些差別, 另外還有一點要提及, 也是最主要不一樣的地方, 那就是計劃評核術與機率有關, 而要徑法與之並無關係。

5. 何謂事件? 何謂工作(Activity)? 何謂前置工作?

解: ⑴所謂事件(Event), 指的是在時間上的一個點, 並且是由它將一件工作從開始到結束標示出來。

⑵而工作指的是一件任務(Task), 或是某些需要固定時間和資源來完成的事物。

⑶另外, 前置工作(An Immediate Predecessor)則是指某件工作必須在另一件工作開始前就已完成。

　　舉個例子, 若將習題 8-1 畫成網路圖, 如下圖:

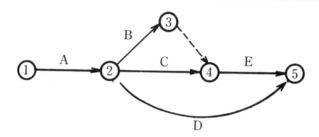

其中①②③等節點就是事件，另外A,B,C就是代表著建地基、蓋屋頂
等工作；而工作A就是B,C,D的前置工作。

6. 敍述如何將期望值及變異數使用於PERT分析上？

解：在計劃評核術中，期望值與變異數主要是用來計算估計工作時間，
及其在特定時間內完成的機率。茲分成二部分說明如下：

⑴估計各項工作期望完成時間及其變異數。計劃評核術所用的統計
方法是Beta機率分配，並配合三種估計時間：

以a表示「樂觀時間」，即完成一項工作的最快時間，機率約只有
百分之一。

m表示完成一項工作的「最可能時間」。

b表示「悲觀時間」，就是完成一項工作的最晚時間，發生的機
率也大約只有百分之一。

如此，我們可算出完成一項工作的期望時間是$t=\dfrac{a+4m+b}{6}$，而

其變異數則取爲 $Var=(\dfrac{b-a}{6})^2$

⑵計算整個計劃完成時間的期望值，或在特定時間內完成的機率。
第一項期望時間,是將要徑上各項工作的期望完成時間相加即可；
而第二項計算則須配合統計方法，首先計算出本計劃完成日期的
變異數，即將各項要緊工作的變異數加總

$$Var = Var_A + Var_C + Var_E,$$

標準差爲$\sigma = \sqrt{Var}$,

完成機率爲

$$Z = \frac{\text{所要完成之時間} - \text{期望完成的時間}}{\sigma}$$

再查常態分配表，就可以得到在特定的時間內完成的機率。

7. 何謂最早開始時間(ES)？最早結束時間(EF)？最晚開始時間(LS)？最晚結束時間(LF)？舉例說明其計算程序。

　解：⑴首先，分別說明其意義：

　　　　a.最早開始時間(Earliest Start Time, ES)：即可以開始一項工作的最早時間，而其前提是必須先完成其前置工作。

　　　　b.最早結束時間(Earliest Finish Time, EF)：指的是一項工作的最早可完成的時間。

　　　　c.最晚結束時間(Latest Finish Time, LF)：即在不延誤整個計劃的完成時間下，可以結束一項工作的最晚時間。

　　　　d.最晚開始時間(Latest Start Time, LS)：指的是在不延誤整個計劃的完成時間下，可以開始一項工作的最晚時間。

　　⑵再來，我們將談到計算的方法，並且會舉例說明；其中，最早開始時間與最早結束時間是依照網路圖的順序，由前往後依序算出。一般而言，一項工作的ES是其前置工作的EF，但是假如其前置工作有多項時，則須選擇其中EF爲最大者作爲其ES_0。在此就以習題8-1爲例，畫出其ES及EF圖，如下：

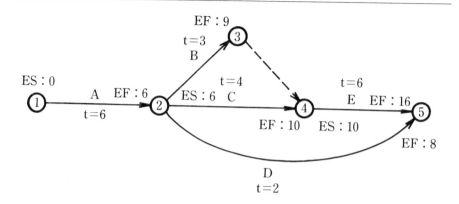

其中， $EF_x = ES_x + t$

而最晚結束時間與最晚開始時間，則是由後往前依序算出。一般
而言，一項工作的LF是其後置工作（即在該工作完成後，才可執
行的工作，亦可說是從該事件點開始往後的所有工作）的LS，但
是假如其後置工作有多項時，則須選擇其中LS為最小者作為其
LF。在此還是以習題8-1為例，繪成其LS及LF圖如下

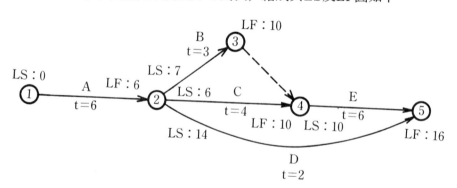

其中， $LS_x = LF_x - t$

綜合上述四種時間的計算結果，整理製成表格如下：

工作項目	ES	EF	LS	LF
A	0	6	0	6
B	6	9	7	10
C	6	10	6	10
D	6	8	14	16
E	10	16	10	16

8. 敍述CPM之要點，及其所能提供的功能。

　解：要徑法CPM並不涉及機率性問題。假設工作的完成時間與趕工時間皆設定為確定的常數，利用這些確定的數據，CPM以線性規劃的方法找出在預定期限內完成整個計劃的最低成本，並且也可找出最快完成整個計劃所需的經費，所以要徑法的基本目標之一就是，在於確定每一作業應排定的時間，以便在最小成本下完成。其適用的範圍廣泛，比起計劃評核術等專案管理方法，更適用於作業時間能估計準確時 (如以往的經驗很可靠)，但時間可隨時調整 (如改變工作人數)，而專案時間與成本能適當折中者，如大多數的建築及維護工程皆屬於此類。

　　不過，事實上，目前的發展使得CPM及PERT之間並沒有相當明顯的差異，且常結合在一起運用。

9. 何謂寬裕時間? 應如何決定之。

　解：寬裕時間(Slack Time,簡稱ST)就是在不影響整個計劃的完成下，一項工作可以被拖延的時間，其值可由下列兩種公式求得，即：最晚開始時間減去最早開始時間，或是最晚結束時間減去最早結束時間。可以簡潔地表示如下：

$$\text{Slack Time} = \text{LS} - \text{ES}$$

或　Slack Time＝LF－EF

若是寬裕時間爲零，則是表示這些工作皆延誤不得，一有延誤即會影響整個工作的完成時間，通常我們將這些要緊工作連接起來，就成爲所謂的「要徑」(Critical Path)。

10. 敍述線性規劃在CPM上之應用。

　　解：線性規劃(LP)在要徑法中是很有用的，尤其是在計算趕工時間及其成本等方面，因爲要徑法常須要一步一步的找出各要緊工作的趕工時間及成本等，且很可能在做完某工作的趕工後，原來的要徑可能會變成非要徑，其它非要徑反而變成了要徑，這樣的程序，在計算上可能很簡單，但却是十分繁瑣，這正好適合已普遍電腦程式化了的線性規劃，可以快速地解決問題。此外，也可適當地利用其中的敏感度分析來得到更實用的結果。

11. 敍述PERT／Cost之計劃系統。其有何用處？

　　解：以前所談到的計劃評核術(PERT)都未涉及到成本，但是在計劃的控制上，成本是很重要的，我們只要將PERT稍作修正，即可將成本因素加入問題中，這樣的方法就稱之爲PERT／Cost法，使用這個方法，須先估計出每一項工作所需的費用，如果工作項目很多，可將數項工作合併，以免使得計算過於繁雜。PERT／Cost法使用平均的方法將各項工作的總成本平均分攤於每週作爲監督控制之用。

　　　　而其用處是在於能清楚的了解到各時間所使用的經費是超過，還是低於原先預算。或是從另一個角度來看，在目前預算支出的水準下，工作的進度是超前還是落後，簡略地說，就是能幫助監督控制每項工作的預算與進度。

12. 何謂趕工時間? 其如何使用在CPM上?

　解: 趕工時間(Crashing)是一種程序、過程, 我們可以經由額外資源的使用來縮短特定工作, 而使該工作提早完成的時間。要使用趕工, 必須先找出要徑上的各項工作, 再來估計其中各項工作可節省時間及其所需額外成本間的相互關係, 再利用線性規劃算出特定計畫完成時間下, 該在那些工作實施「趕工」, 以期能使總成本達到最少。
再來, 我們將它在CPM上的應用分爲數個步驟來說明:

　　⑴計算每週的趕工成本; 在此假設由於趕工所增加的成本, 和其所減少的工作時間成線性關係, 可以將之寫成如下的公式:

$$每週趕工的平均費用 = \frac{趕工成本 - 正常成本}{正常完工時間 - 趕工時間}$$

　　⑵選出每週趕工費用爲最小之緊要工作, 開始趕工, 直到無法再減少工作週數時, 再重新算出新的要徑及緊要工作, 再以同樣的方法算出趕工成本等, 直到所有工作都無法再作進一步趕工爲止。

　　⑶以⑵的步驟作計算很繁雜, 可使用線性規劃模式簡化之。以線性規劃法找出趕工工作項目, 步驟如下:

　　　a.設立事件變數。

　　　b.設立趕工變數, 如考慮最多可簡省的時間數。

　　　c.找出網路圖之限制式, 如前置工作的考慮。

　　　d.找出目標函數, 通常是爲成本最小。

　　　e.寫出線性規劃模式。

　　　f.以任何線性規劃電腦軟體解之。

13. 超級顧問公司設計了一套在職訓課程, 其各項活動間之訓練順序與各活動所須的時間如下:

活動	前置工作	所須時間(天數)
A		3
B		4
C	B	1
D	B	9
E	A, D	2
F	C	6
G	E, F	8

試作: (a)請以網路圖表示此問題各項活動之關係。

(b)請找出要徑(Critical Path)。

解: (a)首先繪出其網路圖, 以及計算EF和ES。

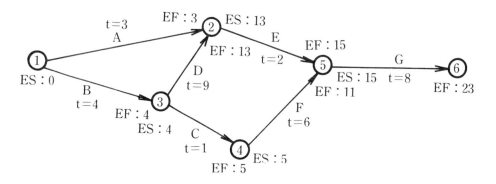

(b)再計算其LF和LS

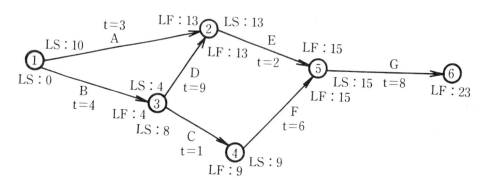

經由上述計算，整理成表，並計算寬裕時間，如下：

活動	ES	EF	LS	LF	寬裕時間
A	0	3	10	13	10
B	0	4	0	4	0
C	4	5	8	9	4
D	4	13	4	13	0
E	13	15	13	15	0
F	5	11	9	15	4
G	15	23	15	23	0

從中找出寬裕時間為 0 時，即活動B,D,E,G，將之連接起來，就成了要徑。如下圖

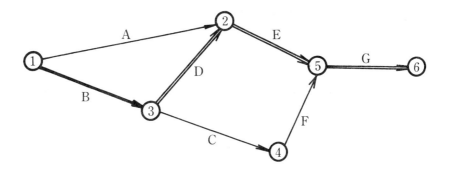

14. 某建設公司將其各項建設工作所需的時間及成本分析如下。

工作	(月數)			前置作業	總預算(萬)
	a	m	b		
A	3	5	8		$1,000
B	1	2	3		$2,500
C	2	3	4	B	$3,000
D	5	7	8	C	$1,500
E	3	6	7	A	$1,200
F	6	10	14	E	$4,500
G	10	12	15	D,F	$2,000
H	1	3	3	E	$1,600

試作：(1)以網路圖表示此問題。

(2)算出每項工作的期望完成時間與變異數。

(3)決定每項工作之ES、EF、LS、LF及寬裕時間。

(4)決定要徑及該項建設計劃之完成時間。

(5)請分別計算該建設計劃在 30 個月及 40 個月內完工之機率？

(6)假設目前已過了 20 個月，而各項工作所完成的百分比如下：

工　　作	完成百分比	已使用經費
A	100%	$1,100
B	100%	$2,200
C	100%	$3,000
D	80%	$1,500
E	100%	$1,000
F	30%	$1,500
G	0%	$　　0
H	10%	$　200

請分析(a)預算圖以使該公司可控制各月的預算。

(b)該公司進度落後嗎？

(c)該公司經費使用情形如何？

解：⑴繪出其網路圖如下：

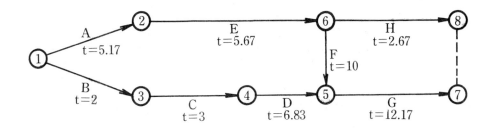

⑵依Beta分配的觀念，一項工作的期望時間是$t=\dfrac{a+4m+b}{6}$，而其

變異數則取：$Var=(\dfrac{b-a}{6})^2$，

將該題目計算後表示如下：

工作	期望完成時間(月)	變異數
A	$\dfrac{31}{6}=5.17$	$\dfrac{25}{36}=0.694$
B	2	$\dfrac{4}{36}=0.111$
C	3	$\dfrac{4}{36}=0.111$
D	$\dfrac{41}{6}=6.83$	$\dfrac{9}{36}=0.25$
E	$\dfrac{34}{6}=5.67$	$\dfrac{16}{36}=0.444$
F	10	$\dfrac{64}{36}=1.778$
G	$\dfrac{73}{6}=12.17$	$\dfrac{25}{36}=0.694$
H	$\dfrac{16}{6}=2.67$	$\dfrac{4}{36}=0.111$

(3)算出各工作的ES,EF,LS,LF及寬裕時間，如下表：

工作	ES	EF	LS	LF	寬裕時間(月)
A	0	5.17	0	5.17	0
B	0	2	7	9	7
C	2	5	11	14	9
D	5	11.83	14	20.84	9
E	5.17	10.84	5.17	10.84	0
F	10.84	20.84	10.84	20.84	0
G	20.84	33	20.84	33	0
H	10.84	13.51	30.33	33	19.5

(4)找出寬裕時間為零者，即工作A,E,F,G，將之連接，即成要徑，並將要徑上各項工作期望完成時間加總，即得該建設計劃的期望完成時間為33個月。

(5)要算出在特定時間內完成的機率，必須先算出本計劃完成日期的變異數，即各項緊要工作的變異數之和：

$$Var = Var_A + Var_E + Var_F + Var_G$$

$$= \frac{25}{36} + \frac{16}{36} + \frac{64}{36} + \frac{25}{36} = \frac{130}{36} = 3.611$$

故，標準差為 $\sqrt{Var} = 1.9$

再依常態分配，計算機率，

$$Z = \frac{所要完成之時間 - 期望完成的時間}{\sigma}$$

$$= \frac{30 - 33}{1.9} = -1.58$$

查常態分配表，可得機率為 $(1 - 0.943) = 0.057$，亦即要在30個月內完成的機率只有5.7%左右。另外，在40個月完成是

$$Z = \frac{40 - 33}{1.9} = 3.68$$

查常態分配表，可得機率爲 0.99988 即超過 99.9% 的機率。

⑹⒜首先列出以 ES 計算出的每週預算表（表 14-1）。因篇幅有限，在此僅列出總和\$及累積預算二項，並部分簡化計算上的精確值。

週數	1	2	3	4	5	6	7	8	9	10	11	12	13	14	15	16	17	18	19
總和\$	1450	1450	1200	1200	1200	415	415	415	415	415	415	1265	1050	850	450	450	450	450	450
累積預算	1450	2900	4100	5300	6500	6915	7330	7745	8160	8575	8990	10255	11305	12155	12605	13055	13505	13955	14405

週數	20	21	22	23	24	25	26	27	28	29	30	31	32	33	
總和\$	450	450	165	165	165	165	165	165	165	165	165	165	165	180	（萬元）
累積預算	14855	15305	15470	15635	15800	15965	16130	16295	16460	16625	16790	16955	17120	17300	（萬元）

（表 14-1）

接下來，列出以 LS 所計算的每月預算表（表 14-2）

週數	1	2	3	4	5	6	7	8	9	10	11	12	13	14	15	16	17	18	19
總和\$	200	200	200	200	200	200	200	1450	1450	200	200	1450	1450	1450	665	665	665	665	665
累積預算	200	400	600	800	1000	1200	1400	2850	4300	4500	4700	6150	7600	9050	9715	10380	11045	11710	12375

週數	20	21	22	23	24	25	26	27	28	29	30	31	32	33	
總和\$	665	665	165	165	165	165	165	165	165	165	165	580	765	765	（萬元）
累積預算	13040	13705	13870	14035	14200	14365	14530	14695	14860	15025	15190	15770	16535	17300	（萬元）

（表 14-2）

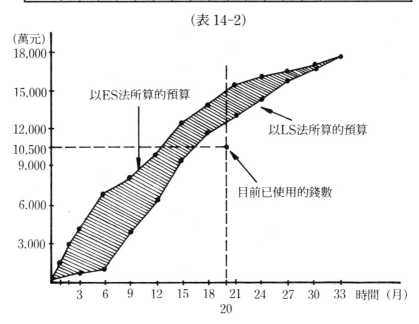

結合表 14-1 和表 14-2, 就可以繪成上頁的預算圖, 可藉之控制
預算及其經費使用的情形。

(b)和(c)

要看該公司的進度, 我們還需要比較所完成工作的價值及真正
的花費, 因爲若單從上圖, 只知道目前的花費是低於預算的,
但並不知低於預算的眞正原因, 是因預算控制得宜, 還是計畫
進度落後所引起的。

將各項工作的進步與預算彙整如下:

工作	總預算 (萬爲單位)	完成百分比	所完成工作 的價值(萬元)	眞正花費	預算使用差距
A	$1,000	100%	$ 1,000	$ 1,100	$100
B	$2,500	100%	$ 2,500	$ 2,200	−$300
C	$3,000	100%	$ 3,000	$ 3,000	$0
D	$1,500	80%	$ 1,200	$ 1,500	$300
E	$1,200	100%	$ 1,200	$ 1,000	−$200
F	$4,500	30%	$ 1,350	$ 1,500	$150
G	$2,000	0%	$ 0	$ 0	$0
H	$1,600	10%	$ 160	$ 200	$40
			$10,410	$10,500	超出$90(萬元)

(表 14-3)

由上面的結果, 知若該公司是以LS法的預算來控制進度, 則由
表 14-2 知, 第 20 個月末的累積預算應大約爲$13,040 (萬元),
也就是第 20 個月末應該完成的工作價值, 但現在所完成的工作
價值僅爲$10,410(萬元), 故該公司的確落後。若由ES法來看,
落後情形更是嚴重。而由表 14-3 也知, 該公司目前費用已超出
90 萬元(依目前工作進度而言), 固應該簡省、控制開支, 並應
該加強工作進度。

15. 精明顧問公司目前正負責控制一項研究計劃之進度，該計劃各項工作正常及趕工情形下所需之時間及成本如下，請問

(a)該研究計劃之完成時間。

(b)以線性規劃法將該計劃趕在 10 週內完成。

工　　作	正常時間	趕工時間	正常成本	趕工成本	前置工作
A	3	2	$1,000	$1,600	
B	2	1	$2,000	$2,700	
C	2	1	$ 300	$ 600	
D	7	3	$1,300	$1,600	A
E	6	3	$ 850	$1,000	B
F	2	1	$4,000	$5,000	C
G	4	2	$1,500	$2,000	D,E

解：(a)首先，我們將之繪製成網路圖如下：

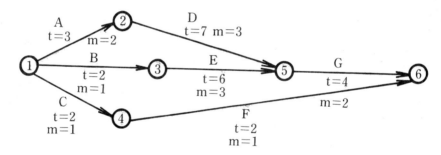

若依正常時間(t)來計算，可得要徑為A-D-G，完成時間為 14 週，若要算計畫最快可完成時間，則是依趕工時間(m)來算，此時的要徑仍為A-D-G，最早可完成時間為 7 週。

(b)將原資料整理如下

工作	t	m	n	C	每週趕工平均費用
A	3	2	1,000	1,600	600
B	2	1	2,000	2,700	700
C	2	1	300	600	300
D	7	3	1,300	1,600	75
E	6	3	850	1,000	50
F	2	1	4,000	5,000	1,000
G	4	2	1,500	2,000	250

求出目標函數，為趕工成本最小：

Min: $\$600 \times y_A + \$700 \times y_B + \$300 \times y_C + \$75 \times y_D + \$50 \times y_E +$
$\$1,000 \times y_F + \$250 \times y_G$

再來考慮各限制式

第一部分：趕工變數，其中 $y_A \leqq 1$，表示工作A至多可以減少的工作時間為1週，其他工作之趕工變數類同。

第二部分：找出網路圖上限制，如 $x_6 \geqq 4 - y_G + x_5$，表示事件6必須是事件5完成後才可開始，並且再加上工作時間，其為：正常時間4，減去趕工變數 y_G。

第三部分：計畫需在10週內完成： $x_6 \leqq 10$

整理後得右列限制式：

$y_A \leqq 1$ $x_6 \geqq 4 - y_G + x_5$

$y_B \leqq 1$ $x_6 \geqq 2 - y_F + x_4$

$y_C \leqq 1$ $x_5 \geqq 6 - y_E + x_3$ $x_6 \leqq 10$

$y_D \leqq 4$ $x_5 \geqq 7 - y_D + x_2$

$y_E \leqq 3$ $x_3 \geqq 2 - y_B + x_1$

$y_F \leqq 1$ $x_2 \geqq 3 - y_A + x_1$

$y_G \leqq 2$ $x_4 \geqq 1 - y_C + x_1$

並使用電腦解決，即可求出答案。

16. 請以PERT法，計算例8-3，並回答下列問題：

⒜你期望該計劃何時可完成？

⒝請寫出在所期望的完成時間內，完成各項工作的最早與最晚時間？

⒞在16週及19週內完成該計劃的機率爲多少？

⒟請和例8-2比較之。

解：由例8-2中，選樣的工作必須在問卷設計完才可開始，則其網路圖
如下：

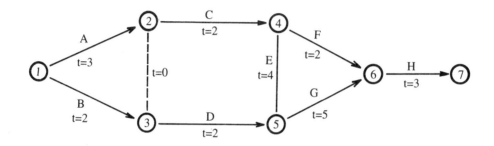

並且可以算出其要徑仍爲A-C-E-G-H。

⒜該計劃的期望完成時間爲要徑上各工作期望完成時間相加，即
3+2+4+5+3=17週。

⒝計算ES,EF和LS,LF，結果整理如下：

工作	ES	EF	LS	LF	寬裕時間
A	0	3	0	3	0
B	0	2	5	7	5
C	3	5	3	5	0
D	3	5	7	9	4
E	5	9	5	9	0
F	5	7	12	14	7
G	9	14	9	14	0
H	14	17	14	17	0

(c)要計算特定時間內完成的機率，首先計算本計劃完成日期的變異數，即各項要緊工作的變異數之和：

$$Var = Var_A + Var_C + Var_E + Var_G + Var_H$$

$$= \frac{4}{36} + \frac{4}{36} + \frac{16}{36} + \frac{64}{36} + \frac{16}{36}$$

$$= \frac{104}{36} = 2.89$$

故標準差為 $\sigma = \sqrt{2.89} = 1.7$

在 16 週內完成機率：$Z = \frac{16-17}{1.7} = -0.59$

查常態分配表，機率為 $1 - 0.72 = 0.28$，即 28%，

在 19 週內完成機率：$Z = \frac{19-17}{1.7} = 1.18$

查常態分配表，機率為 0.88，即 88%

(d)與例 8-2 比較後可發現，其各項結果十分相近，除了工作D的最早開始時間(ES)與最早結束時間(EF)，比起原先流程，各增加1，造成寬裕時間減少1之外，並無不同。探求原因，雖然整體的工作流程改變了一項，即工作D必須先等工作A做完才能開始，但此改變對於要徑並無影響，也就是不會影響到該計劃的完成時間，和在特定時間內完成的機率，由此可知，對於要徑的分析是很重要的。

三民大專用書書目——會計・統計・審計

三民大專用書書目——經濟・財政